柴油发动机
试车台架尾气治理技术及案例解析

任雯 刘宁 禚玉群 主编

化学工业出版社
·北京·

内 容 简 介

本书主要阐述柴油发动机试车台架尾气治理技术及实例应用，从理论到实践全方面对柴油发动机试车台架尾气治理技术进行了讲解及总结。

全书分为5章，主要内容包括柴油发动机概述及试车台架尾气治理的意义、柴油发动机试车台架尾气治理方法、柴油发动机尾气治理系统易出现的问题及防治措施、试车台架尾气治理典型实例、试车台架尾气治理系统的运行及保养等内容。

本书不仅适合从事柴油发动机生产、运行及维护的技术人员、设计人员、科研人员和企业管理人员阅读，也适合高等学校能源与系统工程、环境工程、环境科学等相关专业的师生参阅。

图书在版编目（CIP）数据

柴油发动机试车台架尾气治理技术及案例解析/任雯，刘宁，禚玉群主编. —北京：化学工业出版社，2021.3

ISBN 978-7-122-38397-6

Ⅰ.①柴… Ⅱ.①任…②刘…③禚… Ⅲ.①柴油机-废气治理 Ⅳ.①TK421

中国版本图书馆CIP数据核字（2021）第016305号

责任编辑：卢萌萌　　加工编辑：王云霞　陈小滔

责任校对：李　爽　　装帧设计：史利平

出版发行：化学工业出版社（北京市东城区青年湖南街13号　邮政编码100011）

印　　装：涿州市般润文化传播有限公司

710mm×1000mm　1/16　印张12　字数206千字　2021年5月北京第1版第1次印刷

购书咨询：010-64518888　　售后服务：010-64518899

网　　址：http://www.cip.com.cn

凡购买本书，如有缺损质量问题，本社销售中心负责调换。

定　　价：98.00元

编委会

主　编：

任　雯　清华大学山西清洁能源研究院
刘　宁　清华大学山西清洁能源研究院
禚玉群　清华大学

副主编：

王　涛　清华大学山西清洁能源研究院
崔海增　清华大学山西清洁能源研究院
杨中春　北京水木清源环保科技有限公司
周　浩　北京水木清源环保科技有限公司

编写人员：（按姓氏笔画排序）

王东成　北京水木清源环保科技有限公司
邓双双　北京水木清源环保科技有限公司
许向阳　北京水木清源环保科技有限公司
何福江　北京水木清源环保科技有限公司
陈　娜　清华大学山西清洁能源研究院
赵新华　北京水木清源环保科技有限公司
敖　灿　清华大学山西清洁能源研究院
郭谨玮　清华大学山西清洁能源研究院
靳永勇　清华大学山西清洁能源研究院

前言

柴油发动机尾气中含有颗粒物、氮氧化物、二氧化硫、烃类化合物、一氧化碳等有害污染物，是大气污染物的重要来源，特别是柴油机颗粒物以及氮氧化物的排放，分别占机动车总排放量的99%和64%，对环境以及人类身体健康造成重大影响。柴油发动机试车台架尾气治理的研究主要通过模拟工况来考察各种因素对柴油机排放特性的影响，而实际工况下试车台架的尾气治理工程应用却鲜有报道。

本书旨在以潍柴动力股份有限公司（以下简称“潍柴”）博杜安试车台架为样机，通过技术耦合开发高效柴油机试车台架尾气治理技术，在满足工程项目尾气达标排放的同时，开发了新工艺、新方法，为同行提供节能减排新技术选择，利用台架排放试验代替整车排放试验的优点在于可以减少整车排放试验，从而大大缩短了研发周期并降低了开发费用。

全书共有5章，第1章介绍了发动机以及试车台架的基本概念、分类、原理，并介绍试车台架尾气的特点以及治理难点；第2章介绍了柴油发动机试车台架的尾气治理方法，主要介绍尾气的治理方法与布置方案，并对各系统设备的选型进行详细描述；第3章重点介绍了柴油发动机尾气治理系统易出现的问题，并对各个系统出现的问题进行详细解析，同时指出了系统问题的防治措施；第4章详细介绍了潍柴动力二号厂与博杜安项目试车台架尾气的治理，从实施方案、设备选型、各个系统的调试和运行进行详细讲解，并对项目运行结果进行检测，结果显示排放的尾气中各污染物浓度符合相关的排放标准；第5章对试车台架尾气治理系统的运行以及保养维护进行了说明介绍。

本书内容系统、完整、理论与实际结合。书中对柴油机试车台架尾气治理系统中涉及的设备以及运行进行了介绍。笔者虽力图使本书更加完善，以便可以给同行工作者提供经验，但限于水平及时间，书中尚有不足之处，敬请广大读者批评指正。

编者

目录

第1章 概述

本章内容主要对发动机以及试车台架进行介绍，从定义、分类、基本参数方面进行说明，同时介绍了柴油发动机以及试车台架分类、工作原理等，并说明了柴油发动机试车台架尾气治理的难点与意义。

1.1 发动机及试车台架简介

1.1.1 发动机的定义及分类

1.1.1.1 发动机的定义

发动机（engine）是一种能够把其他形式的能转化为机械能的机器，包括内燃机（往复活塞式发动机）、外燃机（斯特林发动机、蒸汽机等）、喷气发动机、燃气轮机等。内燃机通常是把化学能转化为机械能。发动机既可指动力发生装置，也可指包括动力发生装置的整个机器（如汽油发动机、航空发动机）。发动机最早诞生在英国，所以，发动机的概念也源于英国，它的本义是指那种“产生动力的机械装置”。

1.1.1.2 发动机分类

（1）外燃机

外燃机，指的是它的燃料在发动机的外部燃烧。1816年由苏格兰的R.斯特林发明，故又称斯特林发动机。发动机将燃烧产生的热能转化成动能，瓦特改良的蒸汽机就是一种典型的外燃机。当大量的煤燃烧产生热能把水加热成大量的水蒸气，从而产生高压，这种高压进而又推动机械做功，完成了热能向动能的转化。

（2）内燃机

内燃机即往复活塞式发动机，这一类型的发动机与外燃机的最大不同在于它的燃料在其内部燃烧。内燃机的种类十分繁多，常见的汽油机、柴油机是典型的内燃机。

（3）燃气轮机

燃气轮机，这种发动机的工作特点是燃烧产生高压燃气，利用燃气的高压推动燃气轮机的叶片旋转，从而输出动力。燃气轮机使用范围很广，但由于很难精细地调节输出功率，所以汽车和摩托车很少使用燃气轮机，只有部分赛车装用燃气轮机。

（4）喷气发动机

喷气发动机，是指靠喷管高速喷出的气流直接产生反作用推力的发动机。其广泛用作飞行器的动力装置。燃料和氧化剂在燃烧室内发生化学反应而膨胀，将热能转化为动能而产生推力。除燃料外，氧化剂由飞行器携带的发动机称为火箭发动机，包括固体燃料火箭发动机和液体燃料火箭发动机。

1.1.1.3 发动机基本参数

（1）发动机排量

发动机排量是发动机各气缸工作容积的总和，一般用升（L）表示。而气缸工作容积则是指活塞从上止点到下止点所扫过的气体体积，又称为单缸排量，它取决于缸径和活塞行程。发动机排量是非常重要的发动机参数，它比缸径和缸数更能代表发动机输出功率大小，发动机的许多指标都同排量密切相关。一般来说，排量越大，发动机输出功率越大。

（2）缸数

汽车发动机常用缸数有 3、4、5、6、8、10、12。排量 1L 以下的发动机常用3缸，1～2.5L一般为4缸发动机，3L左右的发动机一般为6缸，4L左右为8缸，5.5L以上用12缸发动机。一般来说，在同等缸径下，缸数越多，排量越大，功率越高；在同等排量下，缸数越多，缸径越小，转速越高，从而获得较大的输出功率。

1.1.1.4 柴油发动机定义及分类

柴油发动机是内燃机的一种，是一种将柴油喷射到汽缸内与空气混合燃烧得到的热能转变为机械能的热力发动机，即依靠燃料燃烧时的燃气膨胀推动活塞做直线运动，通过曲柄连杆机构使曲轴旋转，从而输出机械功。

柴油发动机的优点是扭矩大、经济性能好。柴油发动机的工作过程与汽油发动机有许多相同的地方，每个工作循环也经历进气、压缩、做功、排气四个行程。但由于柴油机用的燃料是柴油，它的黏度比汽油大，不容易蒸发，而其自燃温度也比汽油低，因此，柴油机可燃混合气的形成及点火方式都与汽油机不同。不同之处主要有，柴油发动机气缸中的混合气是压燃的，而非点燃的。柴油发动机工作时，进入汽缸的是空气，气缸中的空气压缩到终点时，温度可以达到500～700℃，压力可以达到4～5MPa。活塞接近上止点时，供油系统的喷油嘴以极高的压力在极短的时间内向气缸燃烧室喷射燃油，柴油形成细微的油粒，与高压高温的空气混合，可燃混合气自行燃烧，猛烈膨胀产生爆发力，推动活塞下行做功，此时温度可达1900～2000℃，压力可达6～10MPa，产生的扭矩很大。

柴油发动机主要用于最终配套产品，比如大功率高速柴油机主要配套重型汽车、大型客车、工程机械、船舶、发电机组等。因此，柴油机行业的发展在很大程度上取决于相关终端产品的市场情况。

在农用柴油机领域，发展中国家的市场增长将弥补发达国家的市场滑落，全球人口的快速增长，以及老旧设备的更新换代都对农业机械有较大需求，全球农用柴油机市场将呈现高速增长态势。在航空发动机领域，发动机产业是航空工业的核心细分子行业，未来发展前景非常广阔。

1.1.2 发动机试车台架

1.1.2.1 发动机试车台架简介

在发动机制造过程中，发动机磨合是检测发动机性能指标及可靠性的重要环节。通过台架对发动机各项数据的检测和监控，在热试过程中，可以对出现的各类故障进行分析和处理，并对各项监测数据进行记录，使得装配线与磨合测试线合为一体，以保证发动机顺利出厂。

发动机热试是指发动机组装完毕出厂之前进行的发动机热试车运转试验。将装配好的发动机，与全自动测试座台连接，以座台驱动机构为动力进行发动机运转试验。热试时，发动机工作温度达到正常后，使发动机在不同的转速下运转，以测试其在处于最大输出功率、最大扭矩等不同工况下各项发动机参数（如机油压力等）。

通过热试可以检查出发动机在装配过程中存在的各种问题，及时发现和清除零件在制造和装配过程中由于偏离技术条件而引起的一些质量隐患。

1.1.2.2 发动机试车台架组成

热试台架主要由台架本体、管道连接、底座支撑、柴油发动机等组成。其中，柴油发动机的主要机构组件包括：发动机机体、曲柄连杆机构、配气系统、燃油供给系统、润滑系统、冷却系统、电器系统等。

(1) 台架本体

发动机试车台架本体包括从发动机热磨合台架周边接入发动机进出冷却液、燃油、动力电源、起动电源及排烟管道等一系列装置。其中，所有供水、燃油通过硬管固定在台架本体上，再通过软管加快接头与发动机连接。台架本体设置试验小车到位检测和夹紧装置，能很好地抑制振动，防止噪声，同时具备足够的刚度和强度。

(2) 管道连接

管道连接部件包括发动机冷却液进出快速接头、发动机燃油进出快速接头等。发动机冷却液进出快速接头能与发动机快速对接，对接后需保证连接紧固可靠；燃油进出快速接头与可通过手动操作与发动机对接，卸下时要求能够自封无泄漏。

(3) 底座支撑

底座为钢结构焊接件，作为磨合小车固定台，起支撑磨合小车和拉紧等作用，小车接送机构由推拉气缸实现。磨合时，推上小车，小车底座拉紧。

（4）发动机机体

机体是柴油发动机的骨架，由它来支撑和安装其他部件，包括：缸体、缸套、缸盖、缸垫、油底壳、飞轮壳、正时齿轮壳、前后脚。

（5）曲柄连杆机构

曲柄连杆机构是柴油发动机的主要运动构件，它可以把燃料燃烧产生的能量，通过活塞、活塞销、连杆、曲轴、飞轮转变成机械能传输出去。曲柄连杆机构包括曲轴、连杆、活塞、活塞销、活塞销卡簧、活塞销衬套、活塞环、主轴瓦、连杆瓦、止推轴承、曲轴前后油封、飞轮、减振器等。

（6）配气系统

配气系统定时控制进、排气门开启和关闭。包括正时齿轮、凸轮轴、挺座、顶杆、摇臂、气门、气门弹簧、气门座圈、气门导管、气门锁块、进气和排气管、空气滤清器、消音器、增压器等。

（7）燃油供给系统

燃油供给系统是按柴油发动机的需要，定时、定量地把柴油供给燃烧室燃烧。包括柴油箱、输油管、柴油滤清器、喷油泵、喷油器等。

（8）润滑系统

润滑系统是把润滑油供给各运动摩擦副，包括机油泵、机油滤清器、调压阀、管路、仪表、机油冷却器等。

（9）冷却系统

冷却系统是把柴油发动机工作时产生的热量散发到大气中。包括水箱、水泵、风扇、水管、节温器、水滤器、风扇皮带、水温表等。

（10）电器系统

电器系统是启动、照明、监测、操作的辅助设备。包括发电机、启动马达、电瓶、继电器、开关、线路等。

1.2 柴油发动机原理

柴油发动机的工作是由进气行程、压缩行程、做功行程（燃烧膨胀）和排气行程这四个过程来完成的，原理如图 1-1 所示，这四个过程构成了一个工作循环，如此反复连续操作，进而保障柴油机的正常运行。

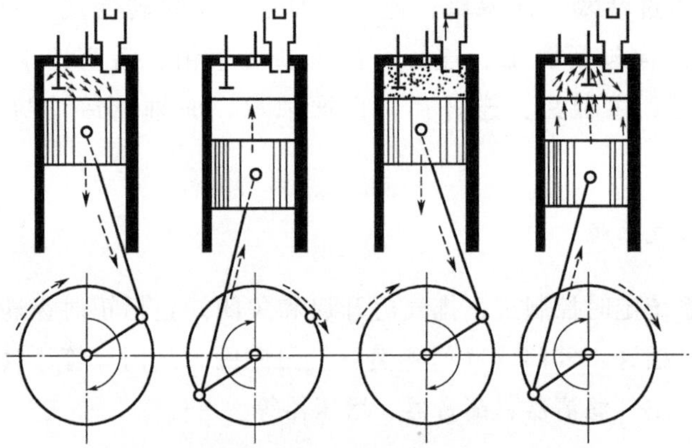

(a) 进气行程　(b) 压缩行程　(c) 做功行程　(d) 排气行程

图 1-1　柴油发动机工作原理图

活塞经历进气行程、压缩行程、做功行程和排气行程，曲轴旋转两周（720°）后，完成了柴油机的一个工作循环。由于飞轮的惯性作用，使曲轴继续旋转，因而带动活塞再次从上止点向下止点移动，此时则开始进行下一个工作循环，这样周而复始，使柴油机不停运转，同时驱动工作机械做功。针对每个行程具体工作行程如下。

1.2.1 进气行程

第一行程——进气。它的任务是使气缸内充满新鲜空气。工作原理是：起动机通电带动曲轴旋转，当曲轴旋转时，连杆使活塞由上止点向下止点移动，同时，利用与曲轴相连的传动机构使排气阀关闭，进气阀打开。曲轴的转动使活塞自上而下运动，气缸内活塞上面的容积逐渐增大，造成气缸内的空气压力低于进气管内的压力，因此新鲜空气就不断地充入燃烧室。进气行程原理如图 1-2 所示。

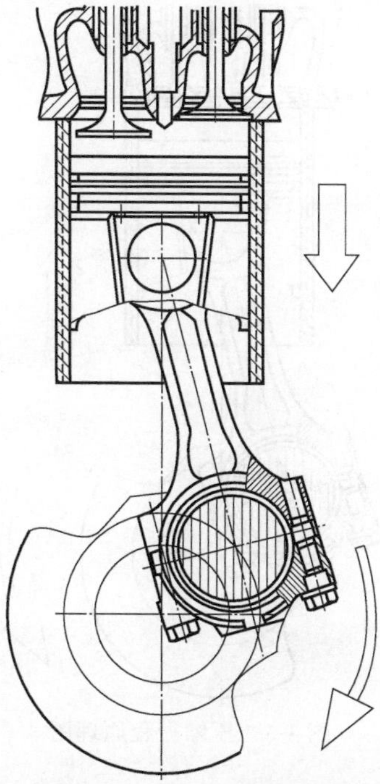

图 1-2 进气行程原理图

值得注意的是，进气行程中气缸内气体压力随着气缸容积变化的情况。在进气过程中由于空气通过进气管和进气阀时产生流动阻力，所以进气行程的气体压力低于大气压力，其值为 0.085～0.095MPa，在整个进气行程中，气缸内气体压力大致保持不变。

此外，当活塞向下运动接近下止点时，冲进气缸的气流仍具有很高的速度，惯性很大，为了利用气流的惯性来提高充气量，进气阀在活塞过了下止点以后才关闭。虽然此时活塞上行，但由于气流的惯性，气体仍能充入气缸。

1.2.2 压缩行程

第二行程——压缩。这个行程的功用有两个，一是提高空气的温度，为燃料自行发火做准备；二是为气体膨胀做功创造条件。工作原理是：活塞从下止点向上运动，此时，进气门和排气门都关闭，吸入气缸内的空气受到活塞的压缩，压力增大，进而导致温度升高。压缩行程原理如图 1-3 所示。

当活塞上行，进气阀关闭以后，气缸内的空气受到压缩，随着容积的不

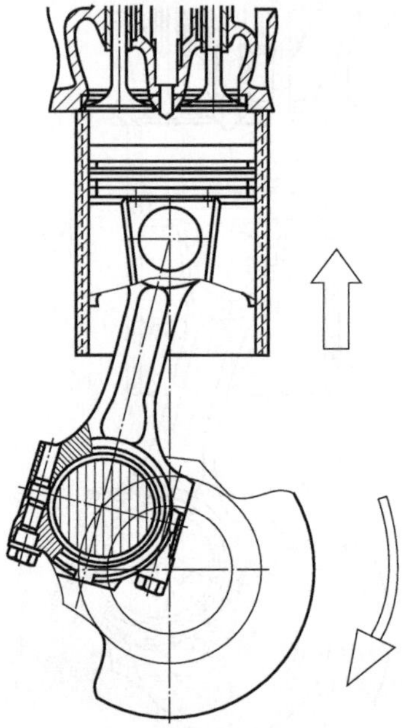

图 1-3 压缩行程原理图

断细小，空气的压力和温度也就不断升高，压缩终点的压力和温度与空气的压缩程度有关，即与压缩比有关，一般压缩终点的压力和温度为：$P_c=4\sim8\text{MPa}$，$T_c=750\sim950\text{K}$。

柴油的自燃温度约为 543～563K，压缩终点的温度要比柴油自燃的温度高很多，足以保证喷入气缸的燃油自行发火燃烧。

喷入气缸的柴油并不是立即发火的，而且经过物理化学变化之后才发火，这段时间大约有 0.001～0.005s，称为发火延迟期。因此，要在曲柄转至上止点前 10°～35°曲柄转角时开始将雾化的燃料喷入气缸，并使曲柄在上止点后 5°～10°时，在燃烧室内达到最高燃烧压力，迫使活塞向下运动。

1.2.3 做功行程

第三行程——做功（燃烧膨胀）。这个行程的作用是对外输出功。工作原理是：当活塞压缩到上止点，喷油器向燃烧室喷入雾状柴油，油雾与压缩空气混合，形成高温高压的燃气，并开始自行着火燃烧，混合气膨胀做功，推动活塞向下运动，从而推动曲轴转动，对外输出功。随着活塞的下行，气缸的容积增大，气体的压力下降，工作行程在活塞行至下止点、排气阀打开时结束。做功行程原理如图 1-4 所示。

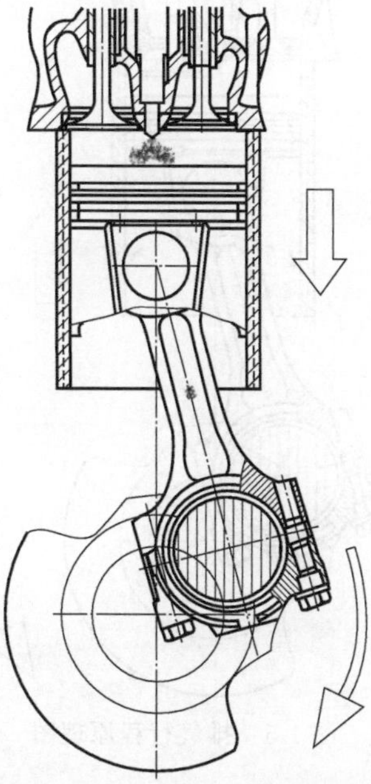

图 1-4 做功行程原理图

1.2.4 排气行程

第四行程——排气。排气行程的功用是把膨胀后的废气排出去，以便充填新鲜空气，为下一个循环的进气做准备。

工作原理是：当工作行程活塞运动到下止点附近时，排气阀开起，活塞在曲轴和连杆的带动下，由下止点向上止点运动，燃烧废气在活塞的推动下排出燃烧室外，完成一个工作行程，这时曲轴转动两周。当柴油机完成排气行程后，在曲轴飞轮总成的惯性力作用下，又重复上述工作循环过程，使柴油机连续运转对外输出功率。排气行程原理如图 1-5 所示。

由于排气系统存在阻力，所以在排气行程开始时，气缸内的气体压力比大气压力高 0.025～0.035MPa，其温度 T_b 为 1000～1200K。为了减小排气时活塞运动的阻力，排气阀在活塞到达下止点前就打开了。

排气阀一打开，具有一定压力的气体就立即冲出缸外，缸内压力迅速下降，这样当活塞向上运动时，气缸内的废气依靠活塞上行排出去。为了利用排气时的气流惯性使废气排得干净，排气阀在活塞到达上止点以后才关闭。

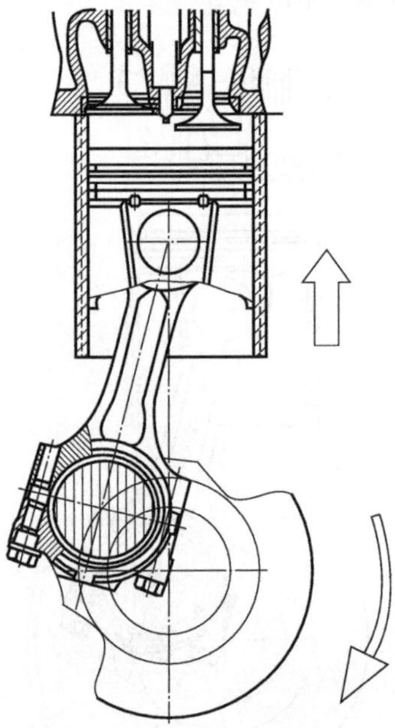

图 1-5 排气行程原理图

1.3 ▸▸柴油发动机分类

柴油机的应用非常广泛，在产业链中，也占据了重要的核心地位，柴油机的类型很多，其分类如下。

按用途分：工程机械配套柴油发动机；农用机械配套柴油发动机；井下设备配套柴油发动机；车辆配套柴油发动机；叉车配套柴油发动机；压缩机配套柴油发动机；发电机组；焊机、泵配套柴油发动机；发电用柴油发动机；船机配套柴油发动机。

按排量缸分：单缸柴油机和多缸柴油机缸。

按工作循环分：二冲程柴油机和四冲程柴油机。

按冷却方式分：水冷柴油机和风冷柴油机。

按燃烧室分：直接喷射式柴油机、涡流室式柴油机和预燃室式柴油机。

按进气方式分：有增压柴油机和非增压柴油机。

按转速分为：低、中、高三类。其中低速机转速小于 300r/min，中速机转速大于 300r/min 且小于 1000r/min，高速机转速大于 1000r/min。

按布置方式分：直列式柴油机 V 型柴油机、水平对置柴油机、星型柴油机、王字型柴油机等。

按结构特点分：筒状活塞式柴油机和十字头式柴油机。

其他分类：立式、卧式、直列式、斜置式、X 型、W 型、对置汽缸、对置活塞柴油机等。

1.4 柴油发动机试车台架尾气治理

1.4.1 柴油发动机试车台架尾气治理背景及意义

柴油机的发明创造极大地推动了社会的进步，给社会的生产生活带来了极大的便利，提高了社会生产力，推动了社会工业的发展，改善了人们的生活。由于柴油机体积相对小、结构简单、效率高，更适合在船舶上使用，现如今大部分船舶的发电原动机都使用柴油机，很多的船舶主推机器也是柴油机，柴油机的应用，特别是船舶柴油机的应用，推动了航运业的发展。另一方面，也带来了以柴油为燃料的船舶发动机所产生的废气污染。随着社会的进步，人们环保意识的提高，对环境的要求越来越高，对于柴油机的尾气排放要求也越来越严苛。希望柴油机既要达到性能要求，也要减少排放，减少对环境的污染[1]。

调查表明，从 2011～2015 年，全国机动车氮氧化物（NO_x）排放占比由 26%上升到 31%，其中柴油货车的排放分担率过半。环境保护部发布的《中国机动车污染防治年报》显示，2016 年全国机动车排放污染物总量为 4472.5 万吨，比 2015 年减少 1.3%。其中，CO 为 3419.3 万吨，烃类化合物（C_xH_y）为 422.0 万吨，NO_x 为 577.8 万吨，颗粒物（PM）为 53.4 万吨。据统计，2016 年全国柴油车（其中货车约占 85%）总数为 1878 万辆，仅占机动车总量的 6.4%。在这些排放物中，柴油机尾气中的 CO 和 C_xH_y 排放量一般仅有汽油机排放的几十分之一，但是 NO_x 和 PM 的排放量较高。其中，NO_x 排放量为 367.3 万吨，占比高达 63.6%；PM 排放量更是占到机动车排放量的 99%以上。而后两者也是柴油机最主要的排放物，其中柴油机尾气排放中的 PM 含量大约为汽油机的 30～80 倍[2]。由此可见，研究和解决柴油机尾气治理问题，对于改善环境污染，提高空气质量，保障人身安全具有重要作用。

从源头柴油发动机出发，研究柴油发动机试车台架尾气治理技术，将对柴油发动机出厂后的高效应用产生积极影响。而在大型柴油机生产企业，当柴油机装配完成后，都必须进行整机试车，整机试车一般都是在生产车间内集中区域内完成，在此区域内一般有几十个甚至上百个试车台架，几十台甚至上百台柴油机同时试车，在试车期间产生大量的柴油机试车尾气，其不仅对企业的大气环境造成很大的污染，而且由于各种跑冒滴漏的原因，该区域内部尾气的浓度也非常高，对现场试车人员的健康造成不良影响。因此，为了改善企业区域内的环境质量和作业环境，保障企业员工人身安全，都必须对柴油发动机试车台架的尾气污染进行治理。

本书围绕柴油发动机试车台架尾气治理技术及多年来潍柴动力柴油发动机试车台架尾气治理的经验展开系统介绍和讨论，为开发更为清洁高效的柴油车尾气治理技术贡献绵薄之力。

1.4.2 柴油发动机试车台架尾气组成及特点

1.4.2.1 柴油发动机试车台架尾气组成

由于柴油发动机的技术特性和柴油的燃烧特性，柴油车发动机试车台架尾气包括复杂的有机物和无机物，具有气、液、固三相，其成分主要为一氧化碳（CO）、烃类化合物（C_xH_y）、氮氧化物（NO_x）、二氧化硫（SO_2）、碳烟（soot）、颗粒物（PM，主要有炭黑、油雾等）等。从源头柴油发动机治理柴油车尾气现已成为控制机动车尾气污染的重要组成部分。

1.4.2.2 生成原理及危害

(1) CO和C_xH_y的生成及危害

C_xH_y和CO的生成是由燃烧不完全而引起的，CO是由于氧气不足CO_2被还原成CO。柴油机燃烧室内在理论空燃比条件下，柴油可以实现完全燃烧。但在实际运行条件工况的影响下，即使在理论空燃比条件下，燃烧产物中也会有CO和C_xH_y[3]。混合气燃烧不完全产生的CO对血液中血红蛋白的氧具有较强的亲和力，空气中的CO浓度超过100μg/mL时，会引起头痛、全身无力、精神不振甚至昏厥；超过900μg/mL时，若长时间接触会使人瘫痪甚至死亡。

柴油发动机试车台架尾气中含有 200 多种 C_xH_y，研究还发现尾气中含有 30 多种多环芳烃，包括 3,4-苯并芘等致癌物质[4]。这些没有完全参加反应的 C_xH_y 和由于燃烧不完全和热分解而产生的 C_xH_y 会对人的呼吸、神经、造血系统都有严重的损坏作用，同时还会对环境造成严重的影响。例如，尾气中含有的 C_2H_4 在大气中浓度达到 $0.5\mu g/mL$ 时，会造成植物发育异常；当空气中的苯并芘浓度达到 $0.01\mu g/m^3$ 时，肺癌发病率会明显上升。C_xH_y 还会在参与光化学反应后，产生二次污染物，伤害人体机能，破坏植物组织。

(2) NO_x 的生成及危害

氮氧化合物主要指 NO、NO_2、N_2O_4、N_2O、NO_3、N_2O_5 等各种分子形式，其中以 NO 和 NO_2 为主。NO_2 是 NO 与氧气发生氧化反应后生成的。在高温富氧条件下，NO_x 的生成按链反应法则进行。

在高温高压的环境下氧链发生一系列反应断裂产生氧原子，重新组合成直链。柴油机燃烧过程中温度的高低直接影响到了 NO_x 的生成量。综上所述，影响 NO_x 生成的主要因素有温度、氧的浓度和高温滞留时间。

柴油发动机试车台架尾气中的 NO_x 大部分为 NO，虽然 NO 毒性较低，但是 NO 在排入大气后会逐渐变为毒性较大的 NO_2。NO_2 既是光化学反应的参与者，又是光化学反应的一种产物。NO_2 会刺激眼、鼻、喉、肺等器官，对人体产生危害，同时也会造成城市大气环境污染，降低能见度，产生雾霾天气，还会伤害植物。在日光照射下，柴油车尾气中的 NO_x 和 C_xH_y 会生成光化学烟雾，对人类的健康和生存环境构成极大的威胁。

(3) PM 的生成及危害

柴油发动机试车台架尾气中 PM 的成分非常复杂，主要由碳烟、可溶性有机物、无机盐类和其他一些聚合物组成。尾气颗粒物的组成如表 1-1 所示。

表 1-1 柴油发动机试车台架尾气颗粒物的组成

序号	成分	占比
1	碳烟	40%
2	可溶性有机物	30%
3	无机盐类和其他	30%

碳烟是柴油发动机试车台架尾气颗粒物中的主要成分，碳烟形成的主要原因是在高温和缺氧的条件下，由燃料的不完全燃烧产生的[5]。如图 1-6 所

示，由于柴油在燃烧过程中，燃料和空气混合不均匀导致局部缺氧，燃料中的烃类化合物分子会在高温和缺氧的环境中裂解为不饱和烃，这些不饱和烃在连续脱氢后形成碳粒子，碳粒子彼此之间聚合在一起形成碳烟核心，碳烟核心之间相互碰撞和集聚的同时表面吸附了其他气态烃类化合物等物质，最终形成碳烟微粒。

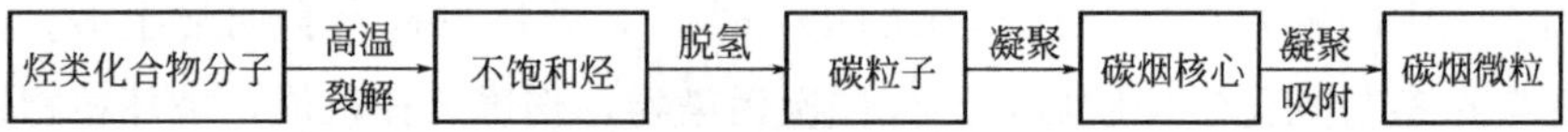

图 1-6 碳烟形成过程

可溶性有机物主要来自未完全燃烧的燃油、润滑油及其中间产物，其组成成分非常复杂，含有 100 多种有机物，主要为直链和支链烷烃以及多环芳香烃。由于这些有机物可以在一定温度下挥发，且大多溶于有机溶剂，因此被称为可溶性有机物。无机盐则是由燃料中的硫燃烧生成的硫酸盐等组成[6,7]。

柴油车尾气中的细颗粒物比表面积大，具有很强的吸附能力，可以吸附多种有毒有害物质[8]。细颗粒物可以通过呼吸作用进入人体内部，沉积在呼吸道深部肺泡内，而且极难排出。颗粒物悬浮在大气环境中对光具有很强的散射作用，导致能见度下降，而且颗粒物中含有的炭黑对光的吸收效应很强，是导致温室效应的重要原因[9]。此外，柴油车尾气颗粒物中的多环芳烃为城区大气颗粒物中常见的多环芳烃的主要来源[10]，在迄今为止发现的 200 多种多环芳烃中，大部分具有致癌性[11]。

1.4.2.3 柴油发动机试车台架尾气特点

由于混合气的形成方式不同，使得柴油机和汽油机的有害排放物和特性不同，柴油机的 CO 和 C_xH_y 排放量远低于汽油机，影响柴油机燃烧的因素主要有辛烷值、混合气质量、压缩比、转速、负荷等。其中柴油机排放物成分 CO 含量为 0.05%～0.50%，汽油机为 0.1%～6%；C_xH_y 含量为 200～1000μg/mL，汽油机为 2000～3000μg/mL，柴油发动机试车台架中的 CO 和 C_xH_y 排放量一般仅为汽油机排放的几十分之一。但是柴油发动机试车台架中 NO_x 和 PM 的排放量较高。柴油发动机试车台架尾气中 NO_x 含量为 700～3000mg/m^3，而汽油机可低至 50mg/m^3。此外，柴油发动机尾气中 PM 含量为 0.15～0.30g/m^3，汽油机为 0.002～0.005g/m^3 左右，柴油机尾气排放中的 PM 含量大约为汽油机的 30～80 倍。而 NO_x 和 PM 也是柴油发动机试车台架尾气中最主要的排放物，这也为尾气治理增加了一定难度。

1.4.3 柴油发动机试车台架尾气治理难点

目前，汽油机使用的针对去除尾气中 C_xH_y、CO 和 NO_x 三种污染物的三效催化剂已经得到了广泛应用。然而，柴油机排放的尾气中有 PM、NO_x、C_xH_y 和 CO 等有害污染物，其中 PM 和 NO_x 是排放法规的主要控制对象。对于 CO 和 C_xH_y 等需要氧化处理的污染物处理难度较小，而在氧气含量较高的情况下处理 NO_x，则是一个富有挑战性的问题。此外，为减轻柴油机对大气环境的污染，各国的排放法规越来越严格。

2016 年 10 月 11 日，环境保护部在其官网上发布“关于征求国家环境保护标准《车用压燃式、气体燃料点燃式发动机与汽车排气污染物排放限值及测量方法（中国Ⅵ阶段）》（征求意见稿）意见的函”，正式对柴油车国Ⅵ排放法规征求意见。这意味着，柴油车国六排放标准呼之欲出。

为了满足更高要求的排放标准，实现柴油发动机高排放性能，必须增加尾气的后处理系统。目前基于国Ⅴ标准的柴油机尾气处理技术路线有 2 条：a. 废气再循环（EGR）＋氧化型催化器（DOC）＋颗粒物捕集器（DPF）；b. 优化燃烧＋选择性催化还原器（SCR）。其中，DPF 是降低 PM 和颗粒物粒子数（PN）的主要技术。DOC＋DPF 的技术虽然可以降低 C_xH_y 和 CO 的排放，但对于 NO_x 的处理一般是通过 EGR 来降低其生成量；但是对于更加严格的 NO_x 排放标准，EGR 系统很难再满足要求。优化燃烧＋SCR 系统是通过优化燃烧尽可能地降低 PM、C_xH_y、CO 的排放；机内良好的高温高压燃烧环境促使 NO_x 的大量生成，通过 SCR 技术可以很好地降低 NO_x 的浓度，达到排放标准。研究表明，目前市场在售的针对国Ⅴ排放标准的重型柴油车几乎全部采用了 SCR 技术路线，并且该技术路线的实际处理效果得到了各大企业的高度认可。

相比大型柴油机，柴油发动机试车台架结构紧凑，加上国Ⅵ标准的即将到来，更加严格的 PM、C_xH_y、CO 排放，SCR 技术也很难满足，导致其尾气治理难上加难。因此，迫切需要寻求新的技术路线来有效降低柴油机尾气中有害物质的浓度，使其达到排放标准。

结合多年来潍柴动力柴油发动机试车台架尾气治理经验，总结了试车台架尾气治理的主要难点，具体如下：

① 柴油发动机试车尾气初始 NO_x 排放数值高，最高可达 $3000mg/m^3$，

而目前排放标准为50～100mg/m^3，这对系统处理效率提出较高要求。目前，针对国Ⅴ标准采取的措施大多为多种处理技术的集成耦合。然而，由于现阶段的柴油机尾气排放控制技术往往需要集成应用才能实现较好的技术效果，因而在排放指标进一步严格的条件下（国Ⅵ），新技术的集成耦合成为现阶段工程界尚未系统研究成熟的技术领域。

② 排气温度变化快，低温区间不能满足工艺要求。发动机试车台架温度波动幅度大，排气温度变化范围宽，这就要求催化剂具有较宽的温度窗口；经常性负荷波动会对催化剂的力学性能产生影响，尤其是加速催化剂产生裂缝，缩短其使用寿命。排气中含有炭黑、油污颗粒等，容易造成催化剂污染失效，对催化剂的抗污染性能要求较高。试车发动机排量波动大，处理难度较高，且发动机的实际空间较为紧凑，增设SCR反应器时存在空间布置难题。

③ 发动机试车台架还原剂使用量相对较少，还原剂用量精准控制难度大。发动机试车台架排烟量一般较少，因而在应用SCR脱硝技术时，需要的还原剂用量极少。考虑到脱硝改造往往有氨逃逸作为另一限制指标，因此加大了还原剂与烟气混合均匀性及还原剂用量精准控制的实现难度。

④ 试车时间无规律，可预测性低，对系统适应能力要求较高，新增处理系统阻力不能影响试车背压。此外，重型发动机排气量高，试车时间长，对系统稳定性及耐久性要求高。

参考文献

[1] 王士国，黄桂务. 浅谈SCR后处理技术对柴油机排放的优化［J］. 内燃机与配件，2019（1）：29-30.

[2] 苑风云，陈肖媛. 柴油机微粒排放净化技术研究［J］. 汽车实用技术，2016（6）：81-82.

[3] 张业新. 柴油车尾气四效催化剂的研究［D］. 大连：大连理工大学，2012.

[4] 张仲荣，吉黎明，张英，等. 柴油机燃用不同柴油的多环芳烃排放研究［J］. 内燃机工程，2015，36（2）：25-37.

[5] 余乐，聂彦鑫. 柴油机颗粒物排放后处理技术［J］. 汽车工程师，2009（10）：41-44.

[6] 田柳青，叶代启. 柴油车排气颗粒物的后处理技术［J］. 环境工程学报，2003，4（10）：74-77.

[7] Maricq M M. Chemical characterization of particulate emissions from diesel en-

gines: A review [J] . Journal of Aerosol Science，2007，38 (11)：1079-1118.

[8] Mohanraj R，Azeez P. Priscilia T. Heavy metals in airborne particulate matter of urban coimbatore [J] . Archives of Environmental Contamination and Toxicology，2004，47 (2)：162-167.

[9] Jacobson M Z. Strong radiative heating due to the mixing state of black carbon in atmospheric aerosols [J] . Nature，2001，409 (6821)：695-697.

[10] Rhead M M，Hardy S A. The sources of polycyclic aromatic compounds in diesel engine emissions [J] . Fuel，2003，82 (4)：385-394.

[11] 王玮，岳欣，陈建华，等. 北京市交通路口大气颗粒物污染特征研究——大气颗粒物中多环芳烃污染特征 [J] . 环境科学研究，2015，18 (2)：43-47.

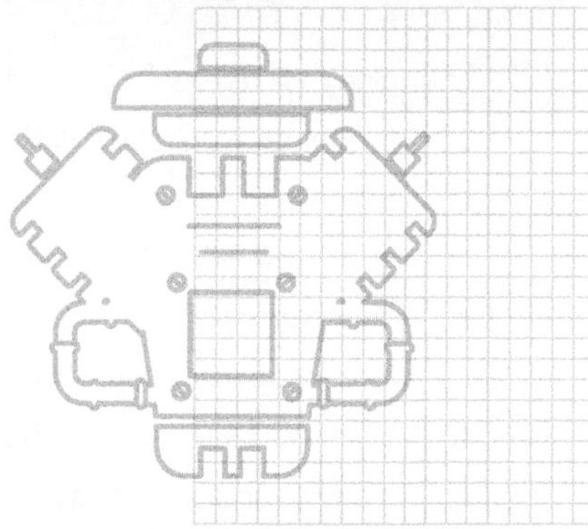

第2章 柴油发动机试车台架尾气治理方法

本章主要介绍柴油发动机试车台架尾气相关的排放标准、尾气治理的方法以及不同标准条件下的柴油机尾气处理技术和布置方案，并重点介绍了试车台架尾气治理的各个系统设备的选型以及功能。

2.1 试车台架尾气治理的标准

随着机动车尾气对环境的污染日益加重，人们对环境污染问题越来越重视，自 1971 年起，世界各国相继开始制定严格的排放标准和排放法规来控制机动车尾气排放。目前，在全世界范围内已形成了以美国、欧洲和日本为代表的三大机动车尾气排放法规体系[1]。为了控制内燃机的污染物排放，净化空气质量，欧洲自 2009 年起执行欧Ⅴ排放标准，后来还推出了非强制 EEV 法规。相对于欧Ⅴ排放标准，EEV 对 ELR 烟度以及 C_xH_y、CO 和 PM 的要求更加严格，但对 NO_x 排放未提出更严格的标准。从技术路线看，欧Ⅴ和 EEV 柴油机通常选用了相同的技术路线。2013 年，欧洲开始实施欧Ⅵ排放标准，无法满足欧Ⅵ排放要求的柴油机已逐步被欧洲市场所淘汰。

与国外严格的排放法规相比，我国机动车排放控制的起步较晚，执行标准也较低，机动车排放标准主要参照了欧洲排放标准，但两者之间还存较大差距（表 2-1），相关法规政策也在不断的制定提出。

表 2-1 欧盟及中国重型柴油车排放标准

阶段	实施时间		相差时间/a	CO/(g/km)	C_xH_y/(g/km)	NO_x/(g/km)	PM/(g/km)
	欧盟	中国					
欧Ⅰ/国Ⅰ	1992	2000	8	4.5	1.1	8.8	0.612
欧Ⅱ/国Ⅱ	1996	2004	8	4.0	1.1	7.0	0.25
欧Ⅲ/国Ⅲ	2000	2007	7	2.1	0.66	5.0	0.10
欧Ⅳ/国Ⅳ	2005	2015	9	1.5	0.46	3.5	0.02
欧Ⅴ/国Ⅴ	2008	2017	9	1.5	0.46	2.0	0.02
欧Ⅵ/国Ⅵ	2013	2019[a]	6	1.5	0.13	0.5	0.01

注：2019[a] 表示重型柴油机于 2019 年实施国Ⅵ标准。

20 世纪 80 年代初提出对汽车排放的控制要求，1993 年制定柴油车尾气排放标准后，也在不断完善治理柴油车尾气排放的法规政策。1993 年 11 月 8 日，国家环境保护局批准 GB 14761.7—93《汽车柴油机全负荷烟度排放标准》和 GB 14761.6—93《柴油车自由加速烟度排放标准》，并于 1994 年 5 月 1 日实施。这两部标准在制定过程中均借鉴和引用了欧洲排放标准，并仅对烟度值设定了排放限值，同时区分了在用柴油机和新生产柴油机。

1999 年，我国发布 GB 14761—1999《汽车排放污染物限值及测试方法》、GB 17691—1999《压燃式发动机和装用压燃式发动机的车辆排气污染物限值及测试方法》、GB 3847—1999《压燃式发动机和装用压燃式发动机的车辆排气可见污染物限值及测试方法》、GB/T 17692—1999《汽车用发动机净功率测试方法》4 项汽车排放国家标准，于 2000 年 1 月 1 日实施。其中除 GB/T 17692—1999《汽车用发动机净功率测试方法》为推荐性国家标准外，其他 3 个均为强制性国家标准。

GB 17691—1999 分别在 2001 年、2005 年进行了升级和修订，它和其他一些汽车排放标准成为目前在执行的关于汽车排放限值的最重要的标准来源。2001 年 4 月 16 日《车用压燃式发动机排气污染物排放限值及测量方法》（GB 17691—2001）修订版发布，并于 2001 年同日开始实施。在此项标准中，2000 年发布实施的标准被认定为国Ⅰ排放标准。自此，我国机动车污染物排放标准的升级之路从国Ⅰ提升至国Ⅴ，每提高一次标准，排放限值降低 30%～50%[2]。

2014 年 1 月 16 日，环境保护部发布《城市车辆用柴油发动机排气污染物排放限值及测量方法（WHTC 工况法）》（HJ 689—2014），补充了公交车、邮政车和环卫车等城市车用柴油机在 WHTC 工况下的测量方法和排放限值，该标准于 2015 年 1 月 1 日实施。

2015 年 8 月，环境保护部将《重型车用发动机与汽车车载测量方法及排放限值》（征求意见稿）面向政府、科研机构、行业协会和企业征求意见，对重型柴油及燃气机（国Ⅳ、国Ⅴ），适用于满足 GB 17691 第四或第五阶段标准的发动机与汽车的型式核准、新生产车检查，并对在用符合性检查进行进一步明确。

2016 年 1 月 14 日，环境保护部与工业和信息化部联合下发了 2016 年第 4 号公告，要求根据油品质量升级进程，分区域实施机动车国Ⅴ标准。具体执行时间：对轻型汽油车、轻型柴油客车及重型柴油车（仅限于公交车、环卫车及邮政车用途），东部 11 省于 2016 年 4 月 1 日实施，全国于 2017 年 1 月 1 日实施；对重型柴油车于 2017 年 7 月 1 日全国实施；轻型柴油车于 2018 年 1 月 1 日全国实施。

与此同时，相关部委也对柴油车排气污染物排放标准作了相关规定，规定指出：自 2018 年 1 月 1 日起，所有制造、进口、销售和注册登记的轻型柴油车，须符合国Ⅴ排放标准。这就意味着自 2018 年开始，全国范围内所有销售的柴油车均为国Ⅴ排放标准，“蓝天保卫战”全面展开。

2016 年 12 月 23 日，环境保护部、国家质量监督检验检疫总局发布《轻型汽车污染物排放限值及测量方法（中国第六阶段）》，于 2020 年 7 月 1 日实施。国Ⅵ的实施标志着我国机动车排放进一步严苛。

2018 年 6 月 22 日，为贯彻《中华人民共和国环境保护法》《中华人民共和国大气污染防治法》，防治压燃式及气体燃料点燃式发动机汽车排气对环境的污染，保护生态环境，保障人体健康，环境保护部、国家市场监督管理总局发布 GB/T 17691—2018《重型柴油车污染物排放限值及测量方法（中国第六阶段）》，接着生态环境部与国家市场监督管理总局联合发布该规定，并批准《重型柴油车污染物排放限值及测量方法（中国第六阶段）》为国家污染物排放标准。规定指出自 2019 年 7 月 1 日起我国重型柴油车污染物排放限值按国Ⅵ实施。

随着排放标准及排放法律法规的不断升级（发展流程见图 2-1），人们也逐渐加深了对控制柴油车尾气对环境保护的重要性的理解和认识。

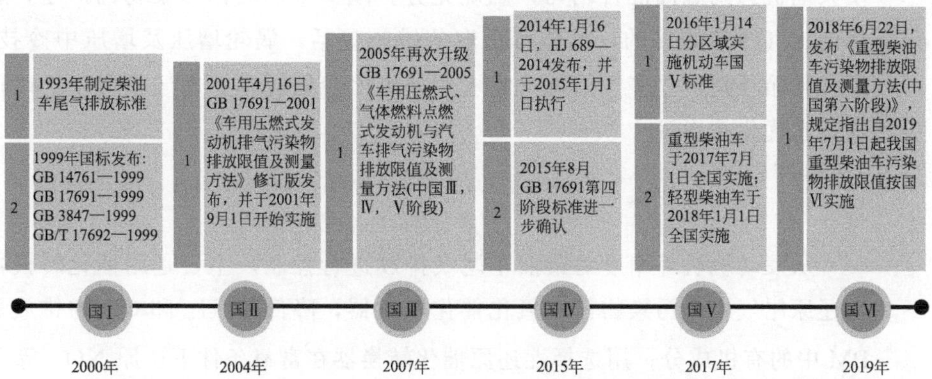

图 2-1 柴油机排放标准升级流程图

2.2 试车台架尾气治理方法及布置方案

机动车尾气排放是我国大气污染的重要来源，也是造成雾霾和光化学烟雾的重要原因。我国机动车污染防治的重要性和紧迫性日益凸显，而柴油车（尤其是重型柴油货车）尾气污染控制更是亟待解决的问题。根据生态环境部发布的《中国移动源环境管理年报（2019)》，仅占我国汽车保有量9.1%的柴油车所排放的NO_x和PM分别约占汽车排放总量的70%和90%以上，其中，重型柴油货车虽然仅占柴油汽车保有量的3%，但其NO_x和PM排放量却分别占汽车排放总量的57.8%和66.3%，亟须重点控制。通过研究柴油发动机试车台架尾气治理技术，将对柴油发动机的高效应用产生积极影响。

柴油车污染控制的主要途径包括：提升油品质量（如燃油和润滑油品质改进)、发动机内改造技术和后处理技术。

(1) 提升油品质量

提高柴油机使用燃油品质，可以有效地降低其尾气排放对环境的危害。例如，燃油中含硫量从0.12%下降到0.05%时，PM将减少8%～10%；减少燃油中的芳香烃成分，可以减少NO_x的排放；合理提高燃油中的十六烷值，能有效降低发动机尾气中的PM和NO_x的排放[3]。

(2) 发动机内改造技术

柴油发动机内部结构改造，主要是对柴油机内柴油燃烧的过程进行优化，使柴油机达到燃油混合均匀，燃烧充分。减少柴油机内污染物的产生，从而降低尾气污染的目的。具体可采取的措施包括：涡轮增压及增压中冷技术、废气再循环技术、多气门技术和可变涡流比控制技术、燃气喷射系统改造和燃烧室优化技术等[4,5]。

(3) 后处理技术

从发动机机外角度对柴油车尾气排放进行控制，主要是用催化转换器氧化还原尾气中的污染物：用氧化催化转化器，降低 C_xH_y 和 CO 的排放量和 PM 中的有机成分；用选择性还原催化转换器在富氧条件下还原 NO_x 等[6-8]。目前柴油机尾气排放后处理关键技术主要包括：氧化催化转化器（DOC），主要用于氧化除去 PM 中的可溶有机成分（SOF）和 C_xH_y；微粒捕集器（DPF）及再生技术，用于过滤去除碳烟等颗粒状物质；氮氧化物净化技术，主要有选择催化还原（SCR）和氮氧化物贮存还原（NSR）两种方法；PM、C_xH_y、CO 和 NO_x 同时催化净化的四效催化技术。

我国自 2015 年全面实施柴油车国Ⅳ标准以来，后处理技术已经成为柴油车尾气污染控制的必备技术。随着我国柴油车排放标准的不断升级，对各种后处理技术的性能、后处理技术的耦合，以及后处理与整车的系统集成提出了更高的要求。尤其是即将于 2020 年全面实施的国Ⅵ标准，为我国柴油车污染控制技术带来巨大挑战。除了柴油车新车污染控制外，由于我国在用柴油车污染问题突出，因此也需要有针对性地进行污染管控。

针对这种情况，人们对柴油机出厂前的发动机试车台架排放进行深入研究，研制出了一套尾气处理系统，即柴油发动机试车台架后处理系统，通过对尾气进行后处理再排放，实现降低主要污染物的排放，减少对环境的污染。

2.2.1 主要柴油车试车台架尾气治理方法

柴油发动机试车台架尾气的主要污染物为 NO_x、PM、CO 和 C_xH_y。与汽油车相比，柴油车大多采用稀燃方式，氧气过量，导致排气中的 CO 和 C_xH_y 含量远低于汽油车，因此 NO_x 和 PM 是主要污染物。目前，针对柴油发动机试车台架尾气污染控制的主要后处理技术包括用于控制 CO 和 C_xH_y 排放的柴油机氧化型催化转化器（DOC）、用于控制 PM 排放的柴油颗粒捕集器（DPF）、用于控制 NO_x 排放的选择性催化还原技术（SCR）。下文将针对我国柴油发动机试车台架尾气后处理技术的主要研究进展进行综述与展望。

2.2.1.1 氧化型催化转化器

C_xH_y 和 CO 的生成是由燃烧不完全而引起的，CO 是由于氧气不足 CO_2 被还原成 CO。由于柴油发动机试车台架采用的燃烧方式为稀燃方式，该方式在氧气过量的情况下进行燃烧，因此，排气中的 CO 和 C_xH_y 较少，含量远低于汽油车，一般仅有汽油车排放的几十分之一。目前，工业上一般采用氧化型催化转化器通过催化氧化的方式来有效降低柴油发动机试车台架尾气中的 CO 和 C_xH_y。

氧化型催化转化器简称 DOC，是一种以铂（Pt）、钯（Pd）等贵金属作为催化剂，将柴油机尾气中的 CO、C_xH_y 以及尾气 PM 中的可溶性有机物（SOF）氧化为 CO_2 和 H_2O 的装置。DOC 可以减少尾气 PM 中 90%的 SOF，从而降低尾气 PM 的排放，同时还能降低 60%以上的 CO 和 C_xH_y 排放。DOC 中主要发生的化学反应如下[9]：

$$CO+1/2O_2 \longrightarrow CO_2 \tag{2-1}$$

$$HC+O_2 \longrightarrow CO_2+H_2O \tag{2-2}$$

$$[SOF]+O_2 \longrightarrow CO_2+H_2O \tag{2-3}$$

$$SO_2+1/2O_2 \longrightarrow SO_3 \tag{2-4}$$

DOC 通常以陶瓷蜂窝为基础负载催化剂，为通流式催化转化器。DOC 通常安装在柴油发动机试车台架后处理系统的最前端，利用贵金属组分的催化氧化作用，有效去除尾气中的 CO、C_xH_y 等还原性气态污染物，以及 PM 中的 SOF；同时，DOC 还可以将尾气中的 NO 部分氧化为 NO_2，对后续的 DPF 再生和 SCR 反应有促进作用。

DOC 对于 CO、C_xH_y 以及 SOF 具有很好的处理效果，但是很难氧化尾气 PM 中的碳烟成分，因此对尾气 PM 的减排效果有限。而且在氧化过程中，DOC 有可能将尾气中的 SO_2 氧化为 SO_3，进一步增加硫酸盐的含量，导致尾气 PM 排放的增加。因此，单一的使用 DOC 往往无法达到尾气 PM 处理的标准，一般会与其他尾气 PM 处理方法结合在一起使用[10]。

目前关于 DOC 的相关研究，除了关注对 CO、C_xH_y、SOF 的低温起燃能力和对 NO 的氧化能力等催化剂活性外，催化剂的热稳定性和抗硫中毒能力也非常重要。贵金属组分在高温条件下容易发生烧结，造成活性位点损失、活性降低，其失活过程是不可逆的。燃油中含硫量过高，会导致 DOC 发生硫中毒，并且由于 DOC 的催化氧化作用，造成尾气中硫酸盐成分增加，导致 PM 排放增加。

2.2.1.2 颗粒物处理技术

目前，国内外采取的柴油发动机试车台架尾气颗粒物排放控制措施主要可以分为三类：机前处理、机内处理和机外处理[11-13]。机前处理是指通过改善燃油品质或者添加燃油添加剂等方法，促进燃油充分燃烧，减少燃油中硫的含量，降低芳香烃成分，提高十六烷值，从而达到降低尾气颗粒物的排放量。机内处理主要是对柴油发动机的结构或系统进行改进，改善燃烧条件和润滑条件。机外处理是在柴油发动机试车台架外部加装装置收集尾气颗粒物并进行处理。

(1) 柴油发动机试车台架尾气颗粒物机前处理方法

由于柴油发动机试车台架尾气颗粒物中的碳烟成分主要是由于燃料的不完全燃烧产生的，因此提高燃料的燃烧效率，使燃料充分燃烧有助于降低碳烟的含量，从而降低尾气中颗粒物的排放。从柴油本身角度出发，柴油中的十六烷值是衡量柴油着火性能的一个重要指标。柴油的十六烷值的提升有利于促进柴油着火性能的提升，这样柴油在进入燃烧室与空气混合后，更容易被点燃。因此提高柴油的十六烷值可使燃烧更加稳定、均匀，促进柴油的完全燃烧。然而十六烷值过高的柴油会在燃烧室中高温分解出大量碳，这些碳粒在燃烧室中无法充分燃烧就会被排到机外，反而增加柴油发动机试车台架尾气颗粒的排放，因此十六烷值并不是越高越好。此外，柴油中的含硫量也会影响尾气颗粒物中硫酸盐的含量，硫在燃烧的过程中会产生 SO_2，SO_2 氧化并与柴油燃烧产生的 H_2O 发生反应会生成硫酸盐，这些硫酸盐也是尾气颗粒物中的成分，因此柴油中的硫含量过高也会导致尾气颗粒物的增加。

综上所述，从柴油本身角度来看，可以选择改善燃油品质的方法，如降低燃油的硫含量或者提高燃油的十六烷值。对于十六烷值较低的柴油，还可以选择在其中加入十六烷值改进剂，提高柴油的十六烷值。燃烧促进剂也有助于加快燃烧进程，促进柴油的完全燃烧。消烟剂则可在碳烟的形成过程中，控制碳烟的生成，降低柴油机尾气颗粒的排放。

但是这种机前处理方法对柴油发动机试车台架尾气颗粒物的减少比例不高，依旧有大量颗粒物残余，所以针对柴油发动机试车台架尾气中微粒颗粒物的处理，除了使用燃油添加剂外，还需从其他方面考虑，寻找更好的解决方法。

(2) 柴油发动机试车台架尾气颗粒物机内处理方法

除了机前处理方法，机内处理也可以减少一部分尾气颗粒物，其中改进柴油发动机的润滑状况就是一种有效减少柴油机尾气颗粒物的方法[14,15]。

在柴油发动机的工作过程中，机内各运动部件的接触表面之间产生了高速的相对运动。这些表面虽然加工精细，在肉眼观察下依旧光滑，但是在高倍显微镜下就会看见很多高低不平的情况。这一现象就是两运动部件之间的摩擦所带来的，摩擦在柴油发动机的正常工作中会带来以下几点危害：

a. 增加了柴油发动机的功率损失，降低了柴油发动机的有效功率，增加了柴油的燃料消耗，使得经济性能下降，资源浪费。

b. 加剧零件磨损情况，使得零件损坏的可能性增大，缩短零件的使用寿命，同时过度磨损还会导致零件外形发生改变，影响柴油发动机的正常工作。

c. 摩擦还会导致零件表面产生大量的摩擦热，提高零件表面的温度，影响零件的正常工作，甚至可能会对零件本身造成破坏。

因此，在柴油发动机的工作过程中必须提供足够的润滑油，可以确保运动部件表面之间形成油膜润滑，使零件表面不直接接触，保证柴油发动机的正常运行，降低摩擦产生的损坏，延长柴油机的使用寿命和提高经济性。

在柴油发动机正常工作时，润滑油主要分布在气缸、气门和增压器等部位，但在某些情况下，润滑油可能会窜入燃烧室。润滑油在进入燃烧室后，其中一部分会燃烧形成无机盐，另一部分未燃烧的润滑油则会随废气排至机外，这些都会对柴油发动机试车台架中尾气的颗粒物成分造成影响[16]。因此改善柴油发动机润滑条件，降低润滑油的消耗对柴油发动机尾气颗粒物排放具有积极作用。除此以外，由于柴油机润滑油的燃烧也会影响尾气颗粒物的排放，因此研究柴油机润滑油本身的成分组成也是改善柴油发动机试车台架尾气颗粒物排放的方法。

(3) 柴油发动机试车台架尾气颗粒物机外处理方法

虽然机前处理和机内处理都可以改善柴油发动机尾气颗粒物的排放，但是随着国内外更严格的环保法规的建立，单靠这两个处理方式还是不够的[17]。在这种情况下，柴油发动机尾气后处理的作用越来越大。目前国内外常用的尾气机外处理装置主要为颗粒物捕集器[18]。但是该装置在现阶段仍然存在很多问题，因此越来越多的气固两相流分离技术被应用在了尾气机外处理中。下面将围绕颗粒捕集器以及几种气固两相流的分离方法展开讲解。

① 颗粒捕集器

颗粒捕集器也称 DPF，是一种利用滤芯中孔隙截留或吸附柴油机尾气颗粒物的装置，同时也是目前国际上公认的分离效率最高、最有效的柴油机尾气颗粒物处理装置[19]。颗粒捕集器在结构设计上需要考虑到背压的问题，同时因为其工作环境恶劣，其材料需要具备耐高温、耐腐蚀以及高强度等特点[20]。滤芯材料、催化剂以及再生方法的选择都对颗粒捕集器的分离效率有着极大的影响。

目前，欧洲、美国和日本等发达国家所采用的 DPF 大多为壁流式结构，这种结构的捕集器是现在应用最高效、最广泛的柴油发动机尾气颗粒物机外处理装置。其工作原理示意图如图 2-2 所示，当柴油发动机尾气从排气管中排出，通入 DPF 时，由于孔道两端交替堵孔，导致尾气被迫从孔道壁面通过，气体中的颗粒物被壁面孔隙拦截，降低了尾气中颗粒物的含量。

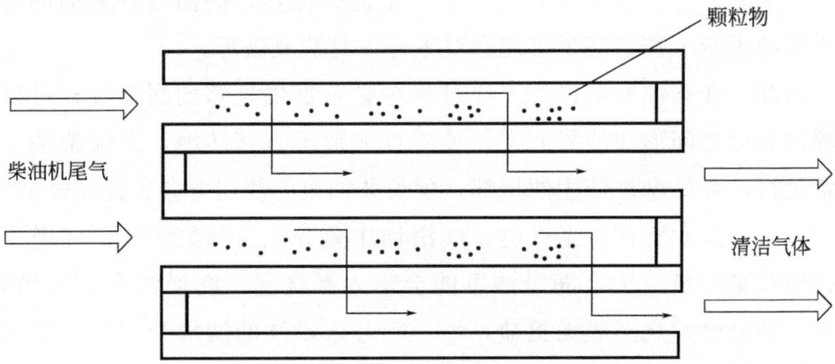

图 2-2 颗粒捕集器工作原理示意图

DPF 的滤芯一般选用耐高温的陶瓷材料，碳化硅和堇青石是目前应用最广泛、研究最多的一种陶瓷材料。由于 DPF 只是一种减少尾气颗粒物排放的物理方法，因此它只能将颗粒物收集在一起，但是随着颗粒物慢慢沉积在滤芯中，就会堵塞过滤孔，导致排气背压增大、发动机功率降低、经济性变差等问题。因此，在滤芯中的颗粒物累积到一定程度后，必须及时清理，保证捕集器可以正常工作，这个过程就被称为 DPF 的再生过程。一般来说，DPF 是通过燃烧颗粒物实现再生，但是燃烧温度过高可能会烧毁捕集器，燃烧温度过低则可能使颗粒物无法被点燃。为了降低颗粒物的燃烧温度，可以在捕集器中加入催化剂[21]。

DPF 是当前降低柴油车 PM 排放最为有效的技术，对碳的过滤效果较高，可达到 60%～90%。目前，最常用的是壁流式陶瓷蜂窝捕集器，利用相邻捕集器孔道前后交替封堵，使尾气从壁面穿过，从而实现 PM 的截留捕集。DPF 的相关研究主要集中在过滤材料和过滤体再生两项关键技术上。目前，市场上常用的 DPF 主要以堇青石、碳化硅和钛酸铝为过滤体材料，根据各种材料的特性而应用于不同环境。为了达到背压与捕集效率的平衡，DPF 载体的设计开发非常重要，非对称结构和高孔隙率是重要研究内容。

DPF 的再生方式主要包括主动再生和被动再生：主动再生采用喷油助燃等方式提供能量，使 DPF 内部温度达到 PM 氧化燃烧所需的温度而实现再生；被动再生利用在过滤体表面涂覆催化剂来降低 PM 燃烧温度，并借助 DOC 将 NO 氧化为 NO_2，通过 NO_2 氧化所捕集的 PM 提高燃烧效率。利用催化剂涂层来实现被动再生的 DPF 也被称为 CDPF，其催化剂的开发是重要研究热点。为了使柴油车在所有工况下都可实现 DPF 的可靠再生，通常需要将主动再生和被动再生结合使用。

② 机械力分离技术

机械力分离技术是利用固体颗粒的重力、惯性或者离心力将尾气气体与固体颗粒分离，再将固体颗粒捕捉收集的方法。这里主要介绍惯性分离方法和离心式分离方法[22]。

惯性分离方法的工作原理是利用气流中固体颗粒的惯性，在气流发生急速变向或者撞上挡板发生急速转向时，气流中的固体颗粒由于惯性的作用，其运动路线会保持原有路线，与气体路线发生偏离，从而使固体颗粒与气体分离，如图 2-3 所示[23]。

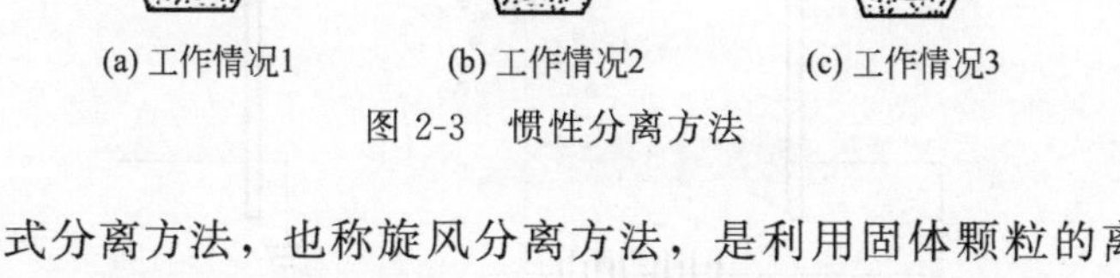

(a) 工作情况1　(b) 工作情况2　(c) 工作情况3

图 2-3　惯性分离方法

离心式分离方法，也称旋风分离方法，是利用固体颗粒的离心力将其从气流中除去的方法。如图 2-4 所示，当气流从进气口进入时，气流沿管壁做离心运动，固体颗粒在离心力的作用下被甩向管壁，气流从上至下螺旋运动到装置底部后，气流运动方向发生改变，沿装置轴心向上运动，最后气流从上方排气口排出，而固体颗粒下落在装置底部，与气体分离。由于固体颗粒受到的离心力往往比重力大得多，因此离心式分离法也是机械力分离技术中分离效率最高的一种方法。

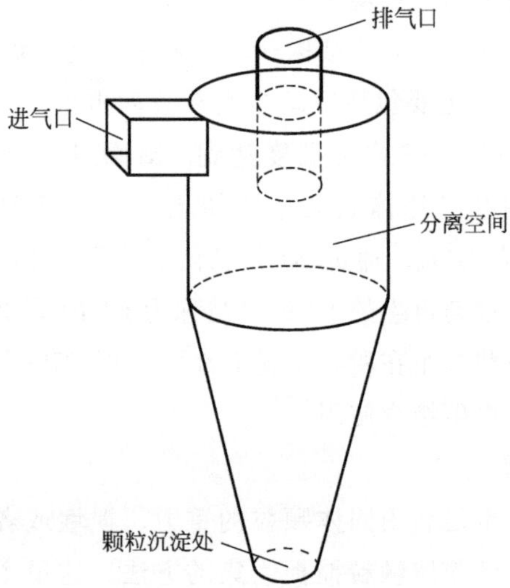

图 2-4 离心式分离方法

③ 静电分离技术

静电分离技术是利用静电力使气体与固体分离的技术。如图 2-5 所示，静电式分离装置的电晕极接有直流高压电源，集尘极接地，引发电晕极放电，气体被电离，在电晕极与集尘极之间产生大量的自由电子与正离子。当含有固体颗粒的气体通入装置时，运动的自由电子与固体颗粒碰撞，使固体颗粒带负电，在集尘极的作用下被吸附，达到固体颗粒与气体分离的效果[24]。

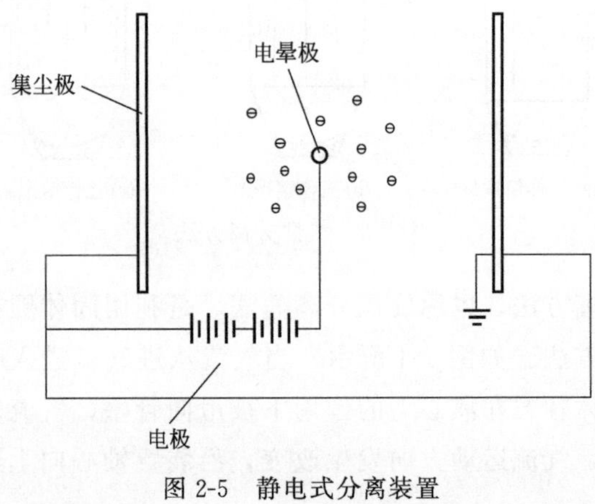

图 2-5 静电式分离装置

2.2.1.3 氮氧化物处理技术

目前降低柴油发动机试车台架尾气中 NO_x 排放的有效措施主要有两种：机内废气再循环（exhaust gas recirculation，EGR）处理技术和尾部 SCR 处理技术。其中，EGR 主要用于减少 NO_x 的生成；SCR 则以降低柴油发动机试车台架尾气中的 NO_x 为主，也是当今柴油发动机试车台架尾气 NO_x 净化处理最有效、应用最广泛的技术。下文将围绕 EGR 和 SCR 技术展开描述和讲解。

(1) EGR

废气再循环（EGR）系统，就是把发动机排出的废气再引入进气系统，随新鲜空气混合气进入气缸，再次参与燃烧过程，是目前柴油发动机试车台架系统使用比较多的一个配置。使用废气再循环的主要目的是降低发动机的尾气排放，降低发动机尾气 NO_x 的形成。采用 EGR 系统，气缸内可燃混合气中的 CO_2 等惰性气体比例增加，导致燃烧速度降低，同时混合气的比热容增大，致使最高燃烧温度降低；高温、富氧是 NO_x 生成的条件，两者缺一不可，所以把燃烧温度降低以后，抑制了 NO_x 的生成。

EGR 工作机理如下。

EGR 是将柴油发动机产生的废气的一小部分再送回气缸。由于再循环废气含有少量惰性气体，会导致燃烧过程延缓。燃烧速度放慢进而导致燃烧室中的压力形成过程放慢，因此生成的 NO_x 会减少。此外，提高废气再循环率会使总的废气流量减少，废气排放中总的污染物输出量也会相应减少。

EGR 系统的任务就是使废气的再循环量在每一个工作点都达到最佳状况，从而使燃烧过程始终处于最理想的情况，最终保证排放物中的污染成分最低。由于废气再循环量的改变会对不同的污染成分产生截然相反的影响，因此所谓的最佳状况往往是一种折中的使相关污染物总的排放达到最佳的方案。因为提高废气再循环率虽然对减少 NO_x 的排放有积极的影响，但同时会对颗粒物和其他污染成分产生消极的影响。

此外，在某些特定的环境或状况下，如像冷机低速小负荷时，缸内燃烧温度本来就不高，因此不必要引入废气；大负荷，特别是全开油门时，需要发动机尽最大可能输出动力，也不能引入废气；引入废气，进入的新鲜空气少了，燃烧速度变慢，会使油耗增大，动力下降。

综上所述，使用 EGR 技术喜忧参半，需要根据实际情况来决定是否选择

EGR 技术。如果使用 EGR 技术的缺点大于使用 EGR 技术的优点，抑或是有新的技术来代替 EGR 技术，我们也就不得不抛弃 EGR 技术了。如果好处大于其所带有的缺点，那么 EGR 技术也就会继续使用下去。

在目前已报道的国Ⅵ方案中既有 EGR 方案也有非 EGR 方案。对于非 EGR 方案而言，其动力性和经济性在理论上会好一些。但是这种非 EGR 理论上的“省油”，EGR 理论上的“费油”，在实际使用中可能是不成立的，因此，还需要通过实际使用检验。

（2）SCR

选择性催化还原（SCR）技术是在催化剂的作用下利用还原剂选择性地将 NO_x 还原为 N_2，从而有效去除 NO_x。SCR 技术根据还原剂的不同，又可分为氨选择性催化还原 NO_x（NH_3-SCR）和烃类化合物选择性催化还原 NO_x（C_xH_y-SCR）。自 20 世纪 70 年代开始，NH_3-SCR 技术已经广泛应用于固定源烟气脱除，并随着排放法规的升级而被引入柴油车尾气 NO_x 的控制。由于在柴油车上配备氨水或液氨储罐存在较大的危险性，且对存储设备具有腐蚀性，因而在实际应用中通常使用尿素溶液作为 NH_3 的储存剂，也称作尿素-SCR。因此，在研究柴油发动机试车台架尾气治理时也通常使用尿素-SCR 技术。

① SCR 的反应机理

SCR 的原理是以氨作为还原剂，在催化剂的作用下将空气中的 NO_x 逐步还原成 N_2 和 H_2O。如图 2-6 所示。

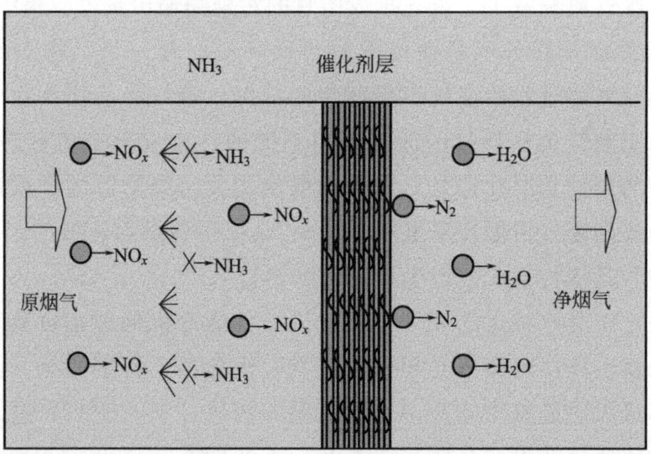

图 2-6　SCR 反应原理图

自1970年以来，SCR技术得到了大力的发展，该反应机理也被重点研究。目前比较公认的机理有Eley-Rideal（E-R）机理和Langrnuir-Hinshelwood（L-H）机理。E-R机理指的是反应物中NH_3或者NO_x通过化学吸附吸附在催化剂表面，与气相中的NO_x或者NH_3相互反应。而L-H机理反应为反应物中NO_x和NH_3首先在催化剂表面化学吸附，反应通过化学吸附态组分—NO_x和—NH_3之间相互进行，其主要化学反应如下：

$$4NH_3+4NO+O_2 \longrightarrow 4N_2+6H_2O$$

$$2NH_3+NO+NO_2 \longrightarrow 2N_2+3H_2O$$

$$8NH_3+6NO_2 \longrightarrow 7N_2+12H_2O$$

② SCR催化剂

自国Ⅳ阶段开始，SCR技术在我国重型柴油车上实现了批量应用。催化剂是SCR技术的核心，然而我国对柴油车SCR催化剂的蜂窝陶瓷载体研究起步较晚，尤其是基于国产原材料的大尺寸载体研发处于空白，使得国外厂家的大尺寸载体占据国内几乎95%的市场，且技术垄断。

目前，国内外很多单位都在进行SCR脱硝催化剂的研究。脱硝催化剂的性能取决于催化剂活性组分以及载体，主要分为金属氧化物催化剂、贵金属催化剂。其中，金属氧化物催化剂是目前脱硝催化剂中研究最多的一类。下文将在SCR系统催化剂选型中做系统介绍。

2.2.2 新型柴油车试车台架尾气治理方法

传统的柴油车尾气净化方法具有净化效率低、质量大、成本高、占用空间大和排气背压高等缺点，在一定程度上阻碍了柴油车的发展，为提高柴油车尾气净化技术的净化性能，低温等离子体（non-thermal plasma，NTP）净化柴油车尾气技术得到了广泛的关注。同样，随着NTP技术的日益成熟，也会普及到柴油发动机试车台架尾气的治理。下文将围绕NTP的净化原理和技术路线展开讲解。

2.2.2.1 NTP净化机理

等离子体的研究是在1808年由Davy最先开展的，并且在1928年由Langmiurh和Tonks提出了等离子体这一概念，等离子体是空气在热量冲击或高强电场、微波、辐射等激发条件下，被离解成大量的自由电子、正负离子、基态或激发态的原子和分子、自由基等电离态混合气体体系，被称为自然界存在的第四种状态[25]。以宏观体系的热力学平衡状态为分类依据，分为热平衡等离子体（thermal plasma）和非热平衡等离子体（non-thermal plasma，NTP)，非热平衡等离子体也被称为低温等离子体，体系宏观温度接近于常温。获得 NTP 最简单且最常用的方法是采用气体放电法，根据电源供电方式、反应器结构、放电机理不同，产生 NTP 的方法可分为电晕放电、辉光放电、介质阻挡放电、微波放电等[26]。

NTP 净化 PM 可分为物理净化和化学净化，物理净化被称为电凝并，即通过电晕放电的方式对 PM 电荷，在静电力的作用下实现粒子间的凝并，最终在直流电场的作用下将 PM 捕集到集尘极，从而实现 PM 的净化，该方法可满足流通式颗粒过滤器的技术要求[27]。化学净化过程即 NTP 反应器内产生的高能电子电离尾气中的气体分子，生成大量强氧化性的活性粒子，柴油车尾气在经过 NTP 放电反应器的处理后，形成含有大量反应位点的 sp^3 轨道碳链的碳基团，它们可以被活性粒子氧化为 CO_x 的形式，主要的净化反应过程如图 2-7 所示。

NTP 净化 NO_x 的过程主要分为两步，首先高能电子与 NO_x 发生弹性碰撞，可以直接断开 NO_x 的化学键，断开后的活性粒子之间自由组合，生成新的活性粒子；其次活性粒子与 NO_x 直接发生化学反应，N_2 在反应器中会被高能电子 e 轰击为 N 自由基形式，由于 N 自由基具有强还原性，在特定条件下可以将 NO 和 NO_2 直接还原为 N_2，然而 NTP 反应器中产生的 O 自由基一方面将 O_2 氧化为 O_3，一方面将 NO 氧化为 NO_2，影响 NO 的净化效率，NO 在等离子体环境下的转化如图 2-8 所示。NTP 净化 PM 和 NO_x 的过程均具有复杂性和随机性，通过提高净化过程选择性的方式，可以提高 NTP 对 PM 和 NO_x 的净化效率。

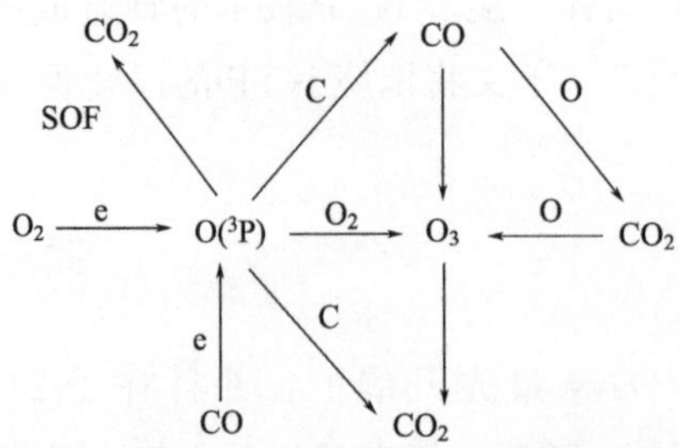

图 2-7　PM 净化示意图

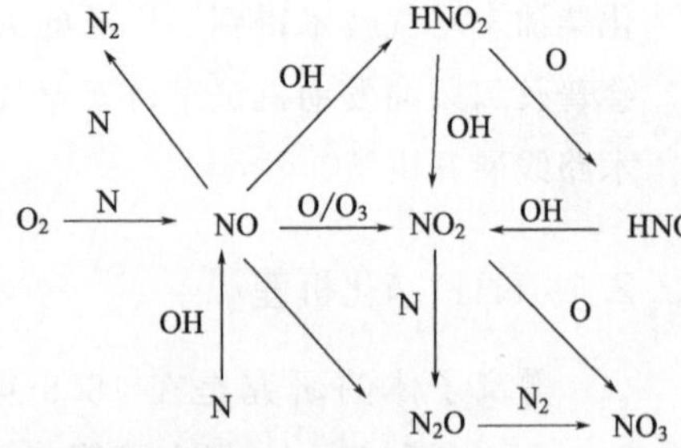

图 2-8　NO 转化示意图

2.2.2.2 NTP 净化柴油车尾气的发展现状

根据 NTP 净化反应器的结构不同主要分为介质阻挡放电反应器、填充床式反应器、电晕放电反应器、NTP 协同 DPF 反应器、NTP 协同 SCR 反应器、NTP 协同催化反应器；按功能不同可分为 PM 净化器、NO_x 净化器、PM 与 NO_x 共同净化器。虽然净化器结构有所不同，但是净化机理基本相同。介质阻挡协同填充床两种放电方式相结合的等离子体发生器可有效净化 PM，如图 2-9 所示为同轴式介质阻挡放电反应器结构示意图。影响 PM 净化效率的因素有气体流速、输入功率和能量密度，当尾气流速较低的情况下，将能量密度增加至一定值，净化效率可达到 90% 以上[28]。该方法虽然对 NTP 净化 PM 的研究起到了促进作用，但是忽略了 NO_x 的净化。

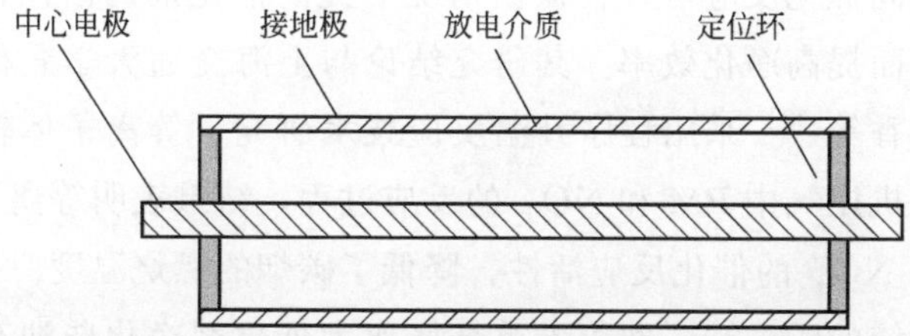

图 2-9 同轴式介质阻挡放电反应器结构示意图

为克服上述问题，将介质阻挡放电反应器与 DPF 相结合的净化装置，可实现 PM 与 NO_x 的共同除去，在研究过程中发现一定量的 PM 可以促进 NO_x 与 PM 共同除去效果，烟气中 O_2、N_2 的含量对污染物的净化效率均有较大影响，同时他们对反应器内的化学反应机理做了讨论，其中 PM 净化过程中消耗了部分 NO_x 还原过程中产生的强氧化物，从而促进了 NO_x 的净化，净化器结构简图如图 2-10 所示。

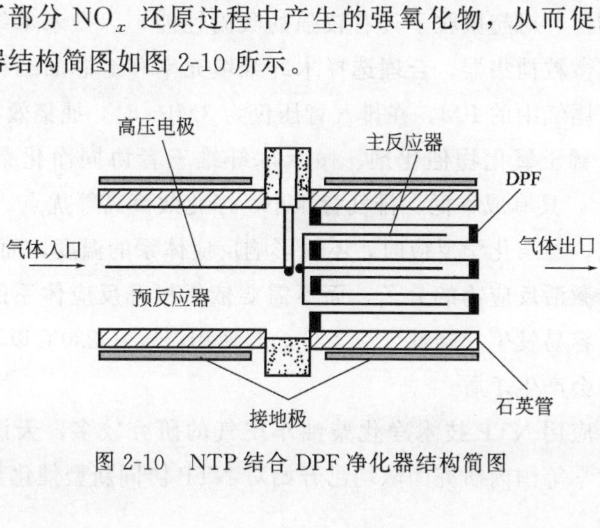

图 2-10 NTP 结合 DPF 净化器结构简图

为了提高 SCR 净化 NO_x 的能力，B. Guan 等[29] 做了 NTP 预氧化结合 SCR 系统在 100～500℃范围内净化 NO_x 的实验研究，该研究结果表明：在 100～250℃时，NTP 预氧化可以提高 SCR 的净化效率；等离子反应器的输入电压、C_xH_y 浓度、含硫量等均对 NO_x 的净化效率有明显影响。

NTP 协同 DPF 反应器和 NTP 协同 SCR 反应器虽然增强了 DPF 和 SCR 的净化性能，但是仍然存在传统净化器的局限性。使用催化剂提高 NTP 净化过程的选择性是目前的研究热点，Y. S. Mok 和 Y. J. Huh[30] 提出了等离子体与催化剂结合的复合型净化系统，该系统也可以同时净化 PM 与 NO_x，该系统对放电电极做了优化，采用不锈钢片作为放电电极，提高了净化效率，并且降低了能耗。W. S. Kang 等[31] 为了研究 NTP 在低温时提高催化剂的净化效率，提出了蜂窝状催化剂作为放电介质的低温等离子反应器，研究得到，等离子体协同催化反应可以在低温情况下提高催化剂的活性，促进化学反应的发生，从而提高净化效率。其研究结论与上海交通大学裴梅香的研究结论相似。裴梅香等[32] 采用程序升温反应技术研究了等离子体辅助催化同时去除富氧柴油机尾气中 PM 和 NO_x 的反应过程，结果表明等离子体提高了同时去除 PM 和 NO_x 的催化反应活性，降低了碳烟的燃烧温度。

由于传统的铂、铑、钯等贵重金属作为催化剂净化柴油车尾气增加了净化成本，为此许多学者提出以 NTP 协同稀土催化剂代替贵金属催化剂，其中光催化材料纳米 TiO_2 协同等离子体可有效净化尾气中的 NO，在优化了环境温度、湿度和净化器输入电压后，NO 的降解率可达到 80%，纳米级 CeO_2 因为自身的晶体结构，使其具有优异的储氧和放氧功能，可有效提高柴油车尾气净化过程的选择性[33]。研究表明[34]，经过热处理的微米木纤维具有丰富的多孔结构，对超微粒子具有较强的吸附性能，以微米木纤维材料设计的柴油车尾气微粒捕集器，合理选择木纤维填充率和滤芯的结构尺寸可以有效过滤柴油车尾气中的 PM，在排气背压仅为 3MPa 时，捕集效率可达到 96%。

NTP、稀土氧化物催化剂、微米木纤维三者协同净化柴油车尾气中的 PM 和 NO_x，具有成本低、排气背压小、净化效率高等优点。NTP 体系的宏观温度较低，参与化学反应时，不会影响反应体系的温度，而且 NTP 中的高能量电子会激活反应物的分子，而不需要依靠提升反应体系的温度，从而使化学反应更容易发生。降低反应条件，与使用温度在 230℃以下的微米木纤维协同作用不会产生矛盾[35]。

目前，应用 NTP 技术净化柴油车尾气的研究较多，天津大学、浙江大学、江苏大学等国内研究团队均已开始对 NTP 协同新型催化剂净化柴油车尾气开展了研究，使得 NTP 技术得到一定程度的发展，但是由于能量利用率低、结构复杂、目标产物选择性差等缺点极大限制了其大规模应用。

微米木纤维作为催化剂载体的研究、催化剂活性与排气尾管温度关系的研究、NTP 与廉价催化剂相互作用的研究以及尾气净化器结构设计是未来的研究趋势，对于应对日益严格的排放法规具有推进作用。但是，NTP、微米木纤维和纳米级 CeO_2 作为新型的尾气净化方法，也还需进一步研究其催化剂负载工艺、热稳定性、净化效率的影响因素以及净化器的结构等问题，目前该技术还远没有满足商业化和规模化的应用需求。

2.2.3 布置方案

柴油机功率大、经济性能好，但是其 NO_x 和 PM 排放均远高于汽油机，同时还存在少许 CO 和 C_xH_y。另外相对于国Ⅴ标准，以及即将到来的国Ⅵ标准对柴油机排放提出了更高的要求。国Ⅵ标准不仅提出了发动机排气颗粒物粒子数（particle number，PN）的限制，而且对于污染物排放限值也降低了很多。单纯地依靠机内净化已经不能满足标准，因此需要依靠后处理系统来实现。

前文已经针对柴油发动机试车台架产生的各类污染物提出各种解决技术方案，下文将主要围绕国Ⅳ、国Ⅴ和国Ⅵ柴油机技术路线及设备布置展开综述和讨论。

2.2.3.1 国Ⅳ柴油发动机试车台架后处理技术及设备布置

我国柴油车污染控制标准主要参考了欧洲的相关标准，于 2015 年全面实施柴油车国Ⅳ标准，自此柴油车需要使用后处理系统进行排放控制，以实现达标排放。柴油车尾气的两大特征污染物 NO_x 和 PM 的形成及浓度存在此升彼降的关系，即努力减少其一却会增加另一种污染物，因此，国Ⅳ柴油车排放控制技术路线需要在两者之间寻找一个平衡点，以达到最佳净化效果。

目前针对柴油发动机试车台架尾气净化处理主要有两条技术路线：EGR＋DPF 技术路线和 SCR 技术路线。

（1）EGR＋DPF 技术布置方案

EGR＋DPF 技术路线设备布置如图 2-11 所示。

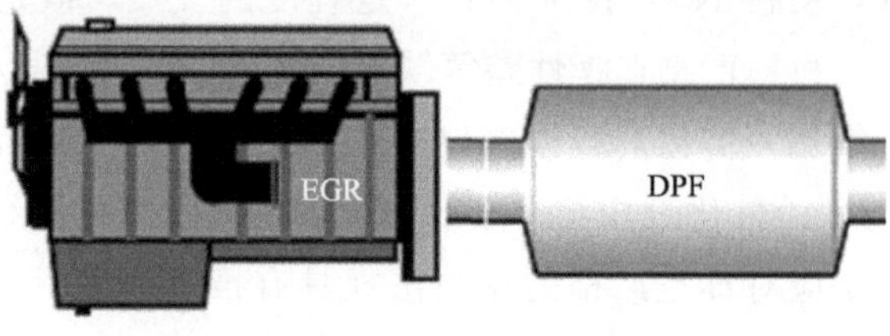

图 2-11　EGR+DPF 技术路线设备布置图

在 EGR+DPF 技术路线中，柴油发动机试车台架排放的尾气先通过 EGR 系统降低烟气中 NO_x 浓度；再采用 DPF 技术脱除因使用 EGR 而略有增加的 PM，进而到达同时降低 NO_x 和 PM 的效果。由于 EGR 系统降低 NO_x 浓度的能力有限，因此目前该技术主要用于 NO_x 排放相对较少的轻型柴油机的污染控制。

（2）SCR 技术布置方案

SCR 技术路线主要用于重型柴油机型的试车台架的污染控制，设备布置如图 2-12 所示。

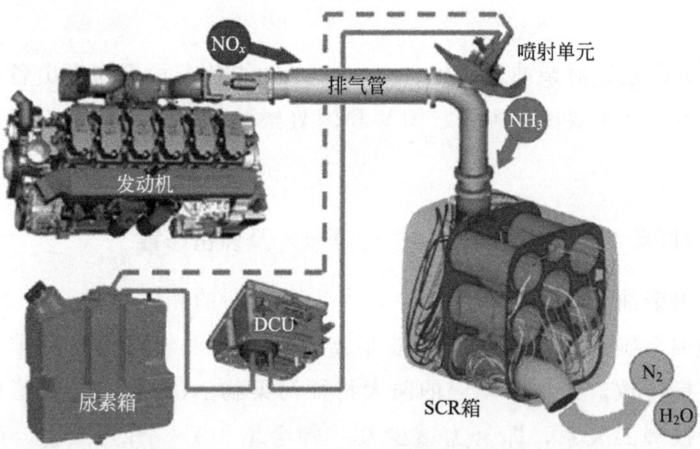

图 2-12　SCR 技术路线设备布置图

SCR 技术涉及整个 SCR 系统。该系统由催化转化器（SCR 箱）、尿素供给单元、尿素喷射单元、尿素箱、计量泵、管路及线路组成。SCR 技术先采用喷射系统优化和喷射定时提前来降低 PM，再使用 SCR 箱中脱硝催化剂来有效降低因燃烧优化而产生的 NO_x，进而达到净化目的。

目前两条技术路线的对比如表 2-2 所示。

表 2-2 EGR＋DPF 和 SCR 技术路线对比

项目	EGR＋DPF	SCR
适用范围	轻型柴油机型	重型柴油机型
燃油消耗(国Ⅲ到国Ⅳ)	增加 7%	降低 6%左右
燃油品质要求	含硫量低于 50μg/mL	对硫不敏感
对柴油机的机械强度要求	缸内最高爆发压力大幅度增加	发动机最高爆发压力不高
冷却系统	EGR 冷却器所需要的冷却功率大幅度增加	无需改变热管理系统
升级到国Ⅴ可行性	需较大改进	同一方案比较容易实现
成本	成本增加不是很大	增加了尿素储罐,同时需要配备基础设施建设,成本增加较大

自国Ⅳ阶段开始，SCR 技术在我国重型柴油车上实现了批量应用。但是随着我国柴油车排放标准的不断升级，对后处理与整车的系统集成提出了更高的要求，单一处理技术的叠加结果（如 EGR、DOC、DPF、SCR 等）已经无法满足日益严苛的环保标准，因此需对各种后处理技术的性能、后处理技术进行优化耦合。

2.2.3.2 国Ⅴ柴油发动机试车台架后处理技术及设备布置

国Ⅴ阶段虽然排放标准值有所加严，但是对于轻型柴油机型的试车台架，通过技术升级即可达到要求，因此我国轻型柴油机型的试车台架的污染控制基本上沿用了国Ⅳ阶段的技术路线。而重型柴油机型的试车台架国Ⅴ阶段对 PM 的要求与国Ⅳ阶段相同，因此，国Ⅴ柴油机的技术策略可建立在国Ⅳ柴油机原排的基础上，后处理目标以控制 NO_x 为主，对后处理采取不同的技术路线。典型重型国Ⅴ柴油机技术路线，主要有两条：EGR＋DOC＋DPF 和 DOC＋SCR。

(1) EGR＋DOC＋DPF 技术布置方案

EGR＋DOC＋DPF 技术路线设备布置如图 2-13 所示。

在该技术路线中，先通过优化喷油和燃烧过程及 EGR 系统标定匹配，在柴油机内先抑制 NO_x 的产生，实现柴油机比较理想的裸机 NO_x 排放；在机外后处理过程，通过安装 DOC 设备降低 C_xH_y 和 CO 排放，最后通过 DPF 设备捕捉收集排气颗粒和间断性将颗粒经再生处理程序燃烧氧化去除掉，进

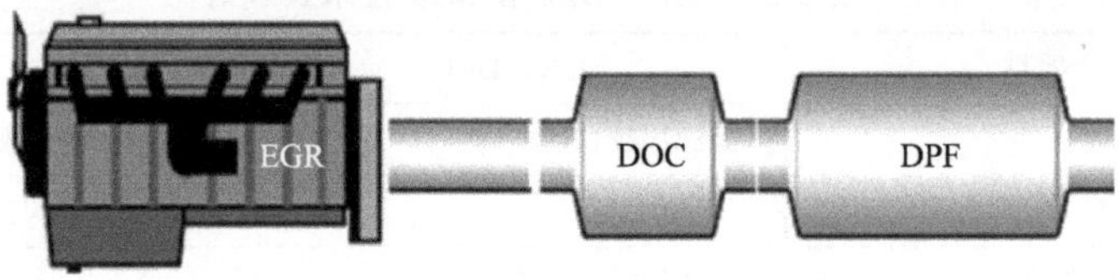

图 2-13　EGR＋DOC＋DPF 技术路线设备布置图

而达到柴油发动机试车台架尾气净化的目的。在该系统中，DPF 是降低 PM 的主要技术。DOC＋DPF 技术虽然可以降低 C_xH_y 和 CO 的排放，对于 NO_x 的处理一般是通过 EGR 来降低其生成量，但是对于更低的 NO_x 排放标准，EGR 系统很难再满足要求。因此，需要采用 SCR 技术来深度脱除 NO_x。

（2）DOC＋SCR 技术布置方案

DOC＋SCR 技术路线设备布置如图 2-14 所示。

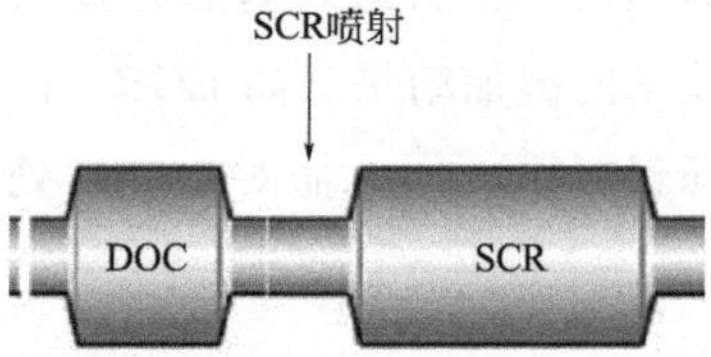

图 2-14　DOC＋SCR 技术路线设备布置图

DOC＋SCR 技术路线由 DOC 设备和 SCR 系统组成。在该技术路线中，先通过优化喷油和燃烧过程及性能优化标定匹配，尽可能地在机内控制 PM、C_xH_y 和 CO 的排放，实现柴油发动机比较理想的裸机 PM 排放。然后，在机外后处理过程中，机内良好的高温高压燃烧环境促使 NO_x 的大量生成，采用尿素溶液对 NO_x 进行选择性催化还原，进而达到污染物排放控制的目的。值得注意的是，因为在发动机机内处理 NO_x 是非常困难的，并且燃油消耗更高，因此在没有安装 EGR 系统的情况下，需在 SCR 技术路线前端尽量控制发动机机内 PM 的排放，在后处理过程中利用 SCR 对 NO_x 进行选择性催化还原。

国Ⅴ柴油机是在原有国Ⅳ基础上进行性能和机械开发，以及技术升级得到的，关键系统及重要零件需要根据后处理 DOC＋SCR 或者 EGR＋DOC＋DPF 的不同，采用不同的调整策略。

两种技术路线相比较而言，采用 DOC＋SCR 技术的发动机开发相对容易，只需要进行部分零部件或系统的局部调整和电控参数上的软件标定开发；

而采用DOC+DPF技术的发动机则需要对燃油喷射、EGR废气再循环及进气增压器等关键系统进行重新开发设计。基于后处理SCR或者DPF技术路线的对比，小型柴油机型的试车台架推荐优先采用后处理DOC+SCR的方案，该方案发动机更改较小，仅需要对发动机关键系统适当调整：如燃油喷射系统喷油器或喷射压力、增压器等，可以取消EGR系统，产品延续性较好，对油品不敏感，会带来更好的燃油经济性，有耐久可靠性优势，且SCR开发周期较短，因此DOC+SCR达到国Ⅴ标准更有综合成本优势，但该技术的缺点是需要整合SCR的布置及增加尿素使用成本。

2.2.3.3 国Ⅵ柴油发动机试车台架后处理技术及设备布置

与国Ⅴ标准相比，于2020年全面实施的柴油车国Ⅵ标准对NO_x和PM排放限值均大幅加严，同时增加了PN限值，对低温工况与整车排放、生产一致性和整车有效寿命提出了明确要求。国Ⅵ排放限值与现行的欧Ⅵ标准相同，但增加了车载诊断（OBD）永久故障代码、超OBD限值限扭、整车排放、OBD远程监控、排放质保期等要求，这必然对柴油车污染物排放控制带来巨大挑战。因此，针对国Ⅴ标准的两条路线中的任一条都难以满足国Ⅵ标准，需要将不同后处理技术进行耦合，以应对严苛的排放要求。

为了保障NO_x转化效率，工程应用上一般采取过量喷射尿素的方式来降低NO_x浓度。该措施虽然在一定程度上有效降低NO_x的排放，但同时也会导致氨逃逸。因此，在国Ⅵ标准下通常会在SCR催化剂后面使用氨氧化催化剂（AOC）来降低NH_3的泄漏。此外，也可采用C_xH_y-SCR利用柴油或柴油催化分解/裂解的烃类化合物为还原剂。与尿素-SCR相比，C_xH_y-SCR无需另行添加还原剂尿素，从而可以大幅度简化SCR后处理系统。但目前由于该技术在催化活性和稳定性等方面还存在问题，尚未得到实际应用。因此，目前满足国Ⅵ标准的柴油发动机试车台架尾气排放控制的技术路线主要以尿素-SCR为主，具体分为以下3种：DOC+DPF+SCR+AOC；EGR+DOC+DPF+SCR；EGR+DOC+DPF+SCR+AOC。

(1) DOC+DPF+SCR+AOC技术布置方案

DOC+DPF+SCR+AOC技术路线以燃烧优化等机内净化技术控制原机排放，采用后处理耦合技术削减排气中的PM(PN)、NO_x等主要污染物，其设备布置图如图2-15所示。

在这一耦合技术中，前置DOC装置先脱除尾气中少量的C_xH_y和CO；

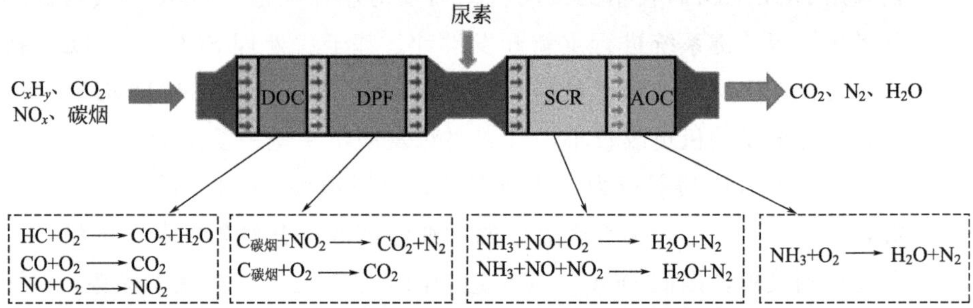

图 2-15 DOC+DPF+SCR+AOC 技术路线设备布置图

然后连接 DPF 设备用于脱除尾气中大部分 PM，通过对原料与配方优化促进晶体在片状滑石上定向生长，显著降低了堇青石 DPF 热膨胀系数；通过复合使用不同形貌的造孔材料增加微孔的连通性，采用粒度分布窄的原材料和造孔材料，制备出窄孔径分布的 DPF 产品，可以满足低压降、高 PM 捕集效率的要求，进而达到降低 PM 和 PN 的目的。考虑到重型柴油车发动机正常工作时排气温度较低，并避免机油稀释，通常采用加热装置来辅助 DPF 再生。值得注意的是，DPF 再生引发的高温可能会对后置 SCR 系统中催化剂的水热稳定性提出更高要求。目前，可采用具有优异的 NH_3-SCR 活性和水热稳定性的 Cu-SSZ-13 分子筛催化剂，该催化剂已实际应用于满足欧Ⅵ标准和 US EPA2010 标准的柴油车尾气净化，是我国国Ⅵ阶段的首选 SCR 催化剂。由于国Ⅵ标准要求 SCR 催化剂具备更高的转化效率，同时也就需要喷射更多的尿素，从而容易造成多余 NH_3 逸出。为了有效减少氨逃逸，需要在 SCR 系统后面加装氨氧化催化剂（AOC）来降低泄漏。

（2）EGR+DOC+DPF+SCR 技术布置方案

EGR+DOC+DPF+SCR 技术可将排放控制在法规限值内，但庞大的后处理系统在柴油发动机试车台架狭窄的空间内布置受限，同时，也造成成本上升。只有使各系统很好地耦合，才能既保证工作效率，又兼顾燃油经济性和使用寿命，其设备布置图如图 2-16 所示。

相比 DOC+DPF+SCR+AOC 技术路线，EGR+DOC+DPF+SCR 在前端增设了 EGR 系统，先通过 EGR 把 NO_x 降到一定浓度，在考虑燃油经济性的同时，也减少后端 SCR 的负担。由于国Ⅵ柴油发动机试车台架尾气后处理均带有 DPF，DPF 再生需要采用后喷处理来提高废气温度，但同时废气中的 C_xH_y 排放也增长比较快。因此，在 DPF 再生过程中，需要通过优化标定

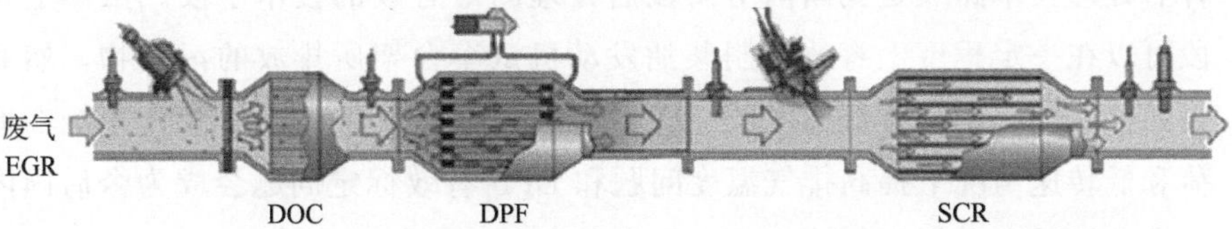

图 2-16 EGR+DOC+DPF+SCR 技术路线设备布置图

控制策略来主动关闭 EGR 阀，防止过多的 C_xH_y 进入 EGR 冷却器造成积炭堵塞。

在该技术路线中为了保障各缸燃烧的一致性，通常将 EGR 率不均性控制在±5%以内，进气管采用集成设计 EGR 混合腔和混合器的技术方案。

为了与双通道 EGR 阀匹配，发动机排气管是由 1～3 缸排气歧管和 4～6 缸排气歧管组成，分别各有 1 个 EGR 取气口对应双通道 EGR 阀的入口[36]。

将 DPF 布置在 SCR 上游，既可以避免 SCR 受到 PM 的污染，同时也可以利用排气中的 NO_2 实现被动再生，但应考虑 DPF 再生时高温排气对 SCR 的热冲击风险及低温启动时 SCR 难以控制 NO_2 排放。目前，常用的措施是采用涂覆催化剂的 DPF（CDPF）。CDPF 可以增强 NO_x 和 O_2 对 PM 的被动再生[37]，同时降低再生燃烧温度，缓解再生时对 SCR 的热冲击。同时，CDPF 可以减慢 PM 累积速度，延长再生周期，延长 DPF 使用寿命并降低因主动再生产生的附加油耗。研究表明，当温度在 350℃左右时，CDPF 对 PM 的氧化再生效率可达 75%以上。但 CDPF 需要涂覆成本高昂的贵金属，同时要求燃油硫含量在 150μg/mL 以下才可避免催化剂中毒。考虑到贵金属催化剂成本以及布置空间问题，重型柴油机型更加适合使用此种方案。

DPF 后端采用 SCR 系统来脱除烟气中的 NO_x。SCR 技术可以大大缩小后处理系统的装备空间，解决柴油发动机试车台架的布置空间问题，很好地改善冷启动的排放问题。然而涂覆催化剂的 DPF 的背压将升高，高温会加速 SCR 催化剂老化，其对灰分的堆积也较为敏感。因此该技术路线中 SCR 要兼顾经济性和耐久性，还需要在载体材料以及催化剂的涂覆工艺上取得长足进步。

(3) EGR+DOC+DPF+SCR+AOC 技术布置方案

EGR+DOC+DPF+SCR+AOC 是以上两种技术路线的进一步耦合和扩展，下文将不再赘述。

随着我国国Ⅵ标准的实施，排放污染物的限制将更加严格。目前，以上 3

种后处理技术路线是我国国Ⅵ阶段后处理的最有效的技术手段。虽然上述手段可以在一定程度上有效控制柴油发动机试车台架所排放的污染物，然而仍存在些许问题：如排烟温度低、DPF有效标定等。有效解决SCR系统在低负荷和低转速情况下提高排气温度问题和DPF有效标定问题会成为今后国内柴油发动机试车台架尾气治理的主要发展方向。

2.3 试车台架尾气治理相关设备选型

2.3.1 EGR系统设备选型

废气再循环（EGR）系统主要用于降低废气中NO_x的排出量。氮和氧只有在高温高压条件下才会发生化学反应，柴油发动机燃烧室内的温度和压力满足了高温高压条件，在强制加速期间更是如此。

当柴油发动机在负荷下运转时，EGR阀开启，使少量的废气进入进气歧管，与可燃混合气一起进入燃烧室。怠速时EGR阀关闭，几乎没有废气再循环至柴油机。汽车废气是一种不可燃气体（不含燃料和氧化剂），在燃烧室内不参与燃烧。它通过吸收燃烧产生的部分热量来降低燃烧温度和压力，以减少NO_x的生成量。进入燃烧室的废气量随着柴油机转速和负荷的增大而增加。

EGR系统的主要元件是数控式EGR阀。数控式EGR阀安装在右排气歧管上，其作用是独立地对再循环到柴油机的废气量进行准确控制，而不管歧管真空度的大小。

EGR阀通过3个孔径递增的计量孔控制从排气歧管流回进气歧管的废气量，以产生7种不同流量的组合。每个计量孔都由1个电磁阀和1个针阀组成，当电磁阀通电时，电枢便被磁铁吸向上方，使计量孔开启。旋转式针阀的特性保证了当EGR阀关闭时，具有良好密封性。

2.3.1.1 EGR系统选型

目前可供选择的EGR系统主要有真空驱动EGR系统、电子控制式EGR系统、高压EGR单系统、高/低压双回路EGR系统、双通道高压EGR系统。下文将围绕各类EGR系统展开描述。

(1) 真空驱动 EGR 系统

发动机所带真空泵为真空源，通过电子真空调节阀来调节膜片室的真空度以达到控制阀门的目的。该系统作用力大，可承受较高温度，成本较低，但反应速度较慢，一般开启时间大于 600ms，目前只能满足国Ⅳ以下的排放要求。

(2) 电子控制式 EGR 系统

电子控制式 EGR 系统与真空驱动 EGR 系统的主要区别在于取消了真空电磁阀及真空控制管路，系统中的排气再循环阀的位置直接由电磁阀来控制。与真空驱动相比，电子控制式 EGR 系统具有以下优势：a. 动态响应好；b. 调节精度高；c. 排气回流大；d. 结构相对简单。

(3) 高压 EGR 单系统

高压 EGR 单系统是将涡轮前的高压废气引入中冷后的进气中。在柴油机的大多数工况中，涡轮前的排气压力要大于中冷后的进气压力，可实现 EGR。但由于高压排气和高压进气间的压差有限，难以实现高的 EGR 率，NO_x 下降有限。为了防止进气压力大于排气压力时新鲜空气倒流，还需在高压排气和高压进气之间加装单向阀。为了提高 EGR 率，还需对废气进行冷却。

还有一种方式是利用可变截面的涡轮增压器控制涡轮喷嘴的面积，排气背压得到控制，从而可以改变 EGR 率，因而提供了优化 EGR 在高负荷时的过量空气系数的手段，这样 NO_x 可被大大减少而不会使得经济性降低。

但是由于废气需通过中冷器进入气管，会造成中冷器污染。此外，高压取气损失了部分热量，导致增压比下降，增压器效率下降、流动阻力增加等问题。

(4) 高/低压双回路 EGR 系统

与传统的单高压回路相比，高/低压双回路 EGR 技术的优势就是能够降低排放和燃油消耗，并能达到更高的排放要求。

由于低压 EGR 系统的引进，低压 EGR 系统改进了纯粹的高压 EGR 对增压器效率的影响，节省了不必要的油耗。高压 EGR 系统从涡轮前取气，损失了一部分废气能量，导致了增压压力的降低。低压 EGR 系统从 DPF 后取气，使得引入气缸参与燃烧的废气更加清洁，对发动机的污染较小。与传统单高压 EGR 回路相比较，双回路 EGR 系统能够在更广的工况范围内使用，而且能达到更高的 EGR 率，实现低温燃烧、预混燃烧等清洁燃烧方式，达到更高的排放标准，并降低油耗。

如图 2-17 所示，较低温度的低压 EGR 在增压器入口和新鲜空气混合后进入增压器，与高压 EGR 相比，低压 EGR 可以进一步降低发动机的进气温度，提高发动机的进气量和空燃比，相比采用高压 EGR 系统，在发动机中高速和中高负荷并达到相同 NO_x 值的条件下，仅采用低压 EGR 比仅用高压 EGR 可以使燃油油耗降低 2%～4%，烟度也会有明显改善。因此，在中高速和中高负荷下低压 EGR 流量占总流量的百分比高达 70%～90%以上，仅在低速小负荷时用高压 EGR。

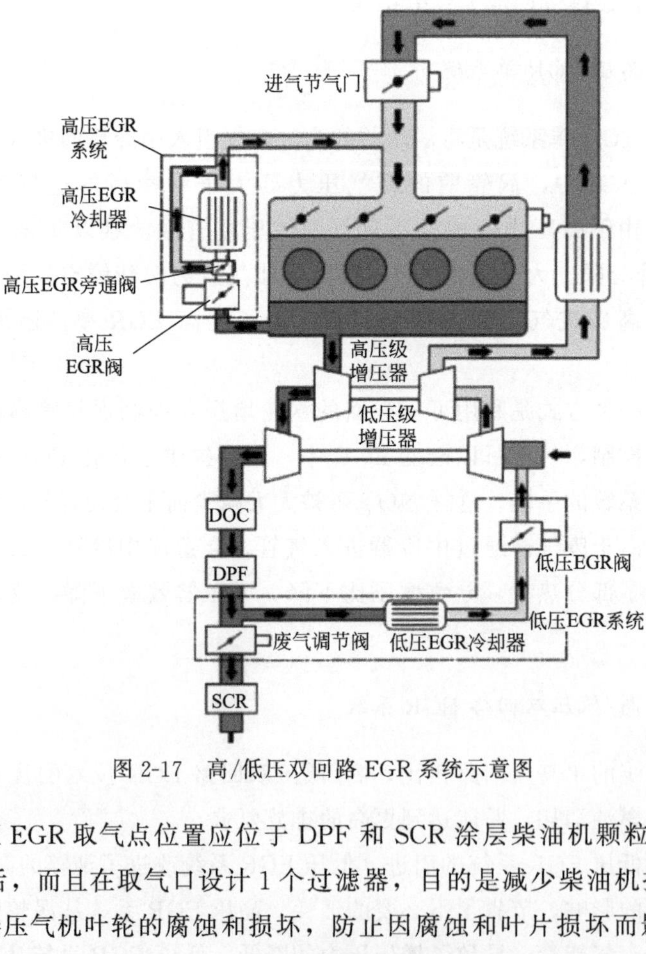

图 2-17　高/低压双回路 EGR 系统示意图

低压 EGR 取气点位置应位于 DPF 和 SCR 涂层柴油机颗粒过滤器（SD-PF）之后，而且在取气口设计 1 个过滤器，目的是减少柴油机排气颗粒对低压增压器压气机叶轮的腐蚀和损坏，防止因腐蚀和叶片损坏而影响增压器的性能及可靠性。另外，低压 EGR 在发动机总体布置时要考虑管路长度，以提高 EGR 系统的响应性，同时降低低压 EGR 流动的阻力损失并降低废气调节阀的使用频率，降低排气背压。另外，管路短，流动损失小，也能提高低压 EGR 率。

为了满足国Ⅵ发动机运行工况更大范围内的 NO_x 限值，及更严苛的油耗目标，高/低压双回路 EGR 系统将会成为国Ⅵ小排量柴油机的发展趋势。

(5) 双通道高压 EGR 系统

对于排量大于 7.0L 以上的柴油机，为了满足国Ⅵ排放，EGR 率高达 15%以上，8.0L 左右的柴油机高压 EGR 率最大流量高达 210kg/h，另外由于排气压力与进气压力压差较小，为了达到较高的 EGR 流量，需要采用双通道高压 EGR 系统，如图 2-18 所示，该系统包括双通道 EGR 阀、双通道 EGR 冷却器、双单向阀和 WGT 增压器。

图 2-18 重型国Ⅵ柴油机双通道高压 EGR 系统

2.3.1.2 EGR 系统配套设备选型

EGR 系统由 EGR 阀、EGR 冷却器、REED 弹簧片阀、EGR 混合器、EGR 管等部件构成，如图 2-19 所示。目前针对 EGR 系统配套设备选型主要以 EGR 冷却器和 EGR 阀为主。

首先是对 EGR 冷却器的选择，如耐高温、耐腐蚀、冷却温度不能太低等。过度冷却会造成废气中的气体凝结成液体，遇到排放物中的二氧化硫等腐蚀性气体就会形成酸性溶液，这样对冷却器以及其他设备都有腐蚀性的危

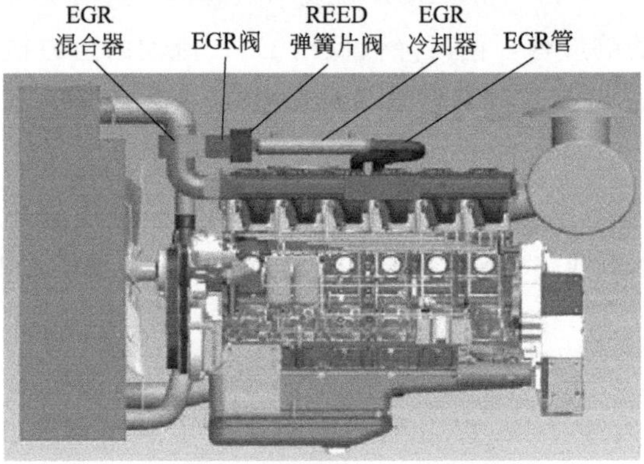

图 2-19 EGR 系统设备组成图

害。另外，由于车厢空间狭小等原因，EGR 冷却器不能太大，这样就对冷却器的设计提出了挑战，通常情况下通过对冷却器的结构进行重点设计，确定一种可以满足性能要求的 EGR 冷却器，使 EGR 温度控制在 120～160℃范围内。

其次是对 EGR 阀的选择，有纯机械式 EGR 阀和电子控制式 EGR 阀。而电子控制式 EGR 阀又可以分为直接控制式 EGR 阀和间接控制式 EGR 阀。为了经济、合理、有效地实现系统 EGR 率的控制，选择合适的 EGR 阀是一大关键。

(1) EGR 冷却器选型

EGR 冷却器的性能直接影响到 EGR 冷却后的温度，并进一步影响到发动机的性能和排放。由于柴油机排放的废气中含有较多的硫氧化物，废气冷却时可形成硫酸，对冷却器产生腐蚀，此外，废气温度很高，这种工作条件对冷却器的要求如下。

a. 冷却器要耐高温、耐腐蚀。

b. 体积小、散热效率高、压力损失小、能防堵塞。

这对冷却器的结构设计、材料、性能及制造技术提出了很高的要求。

为满足耐高温、耐腐蚀要求，全部零部件均选用 300、304L、306、306L、316 及 316L 不锈钢精密铸件或型材。

为满足体积小、散热效率高、防堵塞要求，多采用管壳式结构，芯子使用大量小直径、薄壁管。必要时在管内加装紊流装置以提高换热效率。

对于大排量国Ⅵ柴油机，由于 EGR 流量和 EGR 率更大，因此需要开发冷却功率大、翅板更高的EGR冷却器，以加大国Ⅵ标准EGR散热功率，在外形尺寸不增加的情况下满足EGR冷却功率增加的需求，从而可以有效控制设计成本和便于空间布置。

（2）EGR阀选型

EGR阀主要用于控制废气的回流量从而降低氮氧化物的排放和柴油机的燃油消耗。此部件可用于新型的低/高压EGR回路的内燃机上。采用通用齿轮箱模块化概念设计，含有驱动、齿轮和位置传感器。通过采用平衡旋转式节流阀进行EGR控制，开槽密封圈补偿热膨胀并避免污垢影响流量的测定。目前可供选择的EGR阀有EGR真空电磁阀、电动EGR阀等。

① EGR真空电磁阀

EGR真空电磁阀主要用于真空EGR阀的控制。电子控制单元（ECU）根据传感器信号确定EGR率，确定EGR电磁阀中脉冲信号的占空比。占空比越大，EGR电磁阀打开时间越长，则真空阀真空度越大，EGR阀开度越大，EGR率越大；反之，EGR电磁阀中脉冲信号占空比越小，EGR率越小，适用于轻型柴油发动机。

EGR阀通过管道将排气管与进气管连通，其上方真空气室的真空度受EGR电磁阀控制，EGR电磁阀受ECU控制。ECU根据发动机转速、空气流量、进气压力、温度等信号来控制EGR阀，控制电磁线圈通电时间的长短来控制EGR阀上方的真空气室的真空度，控制EGR阀的开度来改变参与再循环的废气量。在EGR阀上部还有一个位置传感器，其功用是检测EGR阀的开度位置，并利用电位计将其位置变为相应的电压信号，反馈给ECU，作为控制废气再循环的参考信号。EGR系统在怠速工况及加速工况下不工作。

② 电动EGR阀

电动EGR阀（电机驱动的EGR阀）包含一个直流电机、一个齿轮箱和一个角度信号传感器。偏心轮将齿轮箱的旋转输出转化为直线驱动。角度信号传感器布置在输出轴上以指示阀片的运动位置。

角度传感器将6mm的阀冲程转化为电压信号。复位弹簧确保在阀体失效的情况下将阀片推回到关闭位置。电动EGR阀是一个闭环控制系统。

2.3.2 DOC系统设备选型

DOC是安装在发动机排气管路中，通过氧化反应，将发动机排气中一氧化碳（CO）和烃类化合物（C_xH_y）转化成无害的水（H_2O）和二氧化碳（CO_2）的装置。它是催化转化器技术中的早期产品。结构形式与三效催化转化器基本相同，只是催化剂涂层有所不同，该涂层只具有氧化能力，没有还原能力。

DOC 技术始于 1967 年，当时用于改善室内叉车及地下采矿机械周围的空气质量。柴油车氧化催化剂通过去除柴油机排放尾气颗粒物中的溶解性有机组分，达到降低颗粒物排放量的目的，同时也可以进一步降低气态污染物 CO 和 C_xH_y 的排放量。氧化催化剂可以单独使用，也可以与其他排放后处理技术、改进燃料、废气再循环（EGR）等机内净化技术相结合，以满足当前更严格的柴油机尾气排放法规。

DOC 对颗粒物的捕集效率虽然不及颗粒捕集器，但是由于 C_xH_y 的点火温度较低，所以不需要附加昂贵的再生系统，价格较低；而且在使用过程中氧化催化剂不需要再生，维护简单。DOC 通常需要二次空气喷射装置配合工作，提供氧化反应所需的氧气，用来降低排气中一氧化碳（CO）和烃类化合物（C_xH_y）的排放量，是目前应用最广泛的柴油发动机试车台架尾气后处理技术。

2.3.2.1 DOC 组成及各部分作用

DOC 由壳体、减振层、载体及催化剂（涂层＋活性组分）4 部分构成，如图 2-20 所示。其中，壳体是催化转化器系统的支撑体，从模型上看是催化转化器系统的物理边界，它对催化转化器系统实际应用起到至关重要的作用；减振层一般配有膨胀垫片和钢丝网垫，起到吸振、缓冲、隔离、保护的作用；载体主要起到分散活性组分的作用，同时还能防止催化剂颗粒结晶，提高催化剂性能；催化剂是整个催化器的核心部分，决定着 DOC 的主要性能指标。

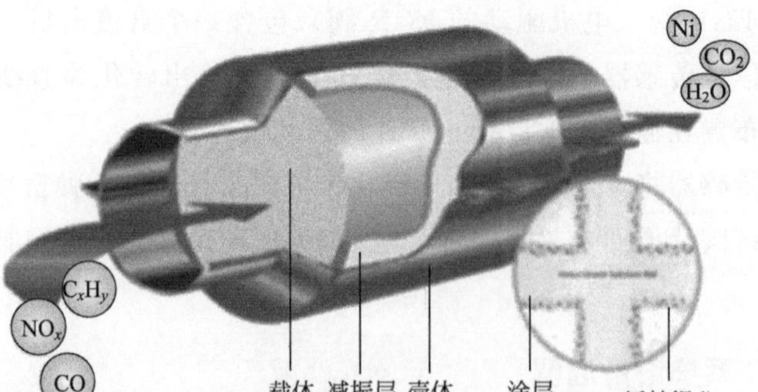

图 2-20 DOC 组成图

2.3.2.2 DOC配套设备选型

(1) 壳体选型

催化器壳体通常由不锈钢材料制成，材料具有较高的耐腐蚀性和高温下热变形小等特性，以防止因氧化脱落造成催化剂孔的堵塞。

目前大多采用含 Ni、Cr 等元素的不锈钢材料。许多催化器的壳体为双层结构，保证催化剂的反应温度。为了减少催化器对汽车底板的高温辐射，防止进入加油站时因催化器表面炙热而引起火灾，同时避免路面积水飞溅对催化器的激冷损坏以及路面飞石造成的撞击损坏，壳体外面还装有隔热罩。

(2) 减振层选型

减振层由膨胀垫片和钢丝网垫组成。在催化器使用中，金属壳体的热膨胀系数很大，而陶瓷载体的热膨胀系数很小，要靠垫片的膨胀和弹性加以弥补，保证载体不会松动。金属垫片具有较大的弹性，能够很好地保护载体；非金属膨胀垫片除了减振作用以外，还具有隔热、吸音、防止气流旁通的作用。

目前最常用的是非金属膨胀垫片。膨胀垫片由膨胀云母（质量分数为45%～60%)、硅酸铝纤维（质量分数为30%～45%）以及黏结剂组成。不同垫片材料的温度特性有较大差异。膨胀垫片在第一次受热时体积明显膨胀，冷却时仅部分收缩，这样使得金属壳体与陶瓷载体之间的缝隙完全胀死并密封。用于DOC的减振层型式是大多为膨胀减振层，它是由基于 SiO_2-MgO 的新型纤维基体和含有机、无机物质成分的新型黏结系统结合而成，具有优良的低温性能和高温性能。

(3) 载体选型

由于催化剂涂覆在载体上，因此载体的性能（力学性能、熔点、热膨胀系数、热传导性能）直接影响到整个DOC的性能。目前可供选择的催化剂载体按基本材料可分为：金属、碳化硅、堇青石。

金属载体材料包括 Fe-Cr-Al、Ni-Cr、Fe-Mo-W 等合金，金属载体催化器具有比热容小、催化器体积较小、机械强度高等优点，但金属载体存在抗高温氧化性较差、载体材料的成形工艺复杂、载体材料与涂层的结合力较差及价格较高等缺陷，因此逐渐被其他载体所替代。

碳化硅载体体积偏小，通常需要黏合剂才能做大，极大限制了其广泛应用，目前主要适用于小排量发动机。

堇青石载体具有热膨胀系数小、抗热冲击性好、热稳定性好等特性，可以做成完整的大载体，其他性能近似于碳化硅，适合排气冷热骤变的环境，主要应用于中重型发动机。此外，堇青石蜂窝陶瓷载体孔密度高，壁薄，表面积的 70%左右为贯通孔状结构。这种载体具有排气阻力小、反应区域大等特点。目前，堇青石载体在车用催化器载体市场占据主导地位，约有 95%的汽车使用堇青石蜂窝陶瓷载体催化剂。孔隙度和壁厚是蜂窝载体的重要参数，对催化剂性能有较大影响。20 世纪 80 年代，金属载体的出现使人们利用非尾气加热催化剂成为可能，这比陶瓷载体单靠发动机排气和反应放热作为催化剂的主要加热源更具有明显的优势，可以大幅度缩短起燃时间。近年来，国外已开始采用抗氧化性优良的不锈钢箔或合金制作的蜂窝状金属载体。

(4) 催化剂选型

催化剂主要由涂层和活性组分组成，如图 2-21 所示。蜂窝载体本身的比表面积很低，一般不到 $1m^2/g$，为了提高催化剂的比表面积，常在其壁面上涂覆一层多孔的物质以负载活性成分。这层物质要和载体具有良好的黏结性，又能满足催化反应的要求，其热特性应与载体相似。通常蜂窝陶瓷载体孔道的壁面上涂有一层多孔的涂层，以 $\gamma\text{-}Al_2O_3$ 为主，其粗糙多孔的表面可使载体壁面的实际催化反应表面积大大增大，可达 $2.5\sim40m^2/g$。

图 2-21 DOC 催化剂图

涂层材料和技术对整个氧化催化剂的活性和耐久性影响较大。由于柴油机尾气的特殊性，要求涂层材料不易吸附 SO_2，且在贵金属难以活化的排气温度下，强化对 C_xH_y、SOF 的捕集功能。由于分子筛具有大的比表面积和好的稳定性以及多孔性和酸性，使分子筛具备特有的吸附和扩散性质，对污染毒物的吸附分离有十分重要的作用。通常在涂层中添加分子筛达到吸附 C_xH_y 的目的，且分子筛对 C_xH_y、SOF 的脱附温度处在贵金属催化剂的活性温度区域，还具有良好的耐热性。使用分子筛作为涂层可以解决冷启动 C_xH_y 排量过多的问题。目前可供选择的分子筛有硅土、丝光沸石、Y 型分子筛、ZSM-5 和 β 分子筛等。

DOC 的核心部分为氧化催化剂，由活性组分和助剂组成，催化剂中的关键组分是活性组分。常用的活性组分有铂、铑和钯等贵金属，助剂为铈、镧等稀土元素和铜、铁、铬、锰等过渡金属，以及碱金属和碱土金属氧化物。对于贵金属催化剂，不同贵金属决定着不同的催化剂特性。铂的主要作用是氧化 CO 和 C_xH_y，对 NO_x 也起到还原作用；钯在氧化型催化剂中的作用与铂一样，也是氧化 CO 和 C_xH_y，但对这两种有害排放物的氧化能力比铂弱。在催化剂中加入钯，主要是因为它可以和铂起到协同作用，这种协同作用不但可以提高催化剂抗老化能力，而且还可以降低硫酸盐的生成量，对催化剂的整体催化性能非常重要。

贵金属催化剂的不足之处在于价格昂贵，对发动机空燃比要求严格。而且柴油是富含硫的燃料，尾气中 SO_2 含量很高，贵金属催化剂会促使 SO_2 转化为 SO_3，并进一步形成硫酸和硫酸盐，这样反而会增加颗粒物的排放。

稀土元素作为助剂，作用包括储存及释放氧，稳定载体涂层，促进水煤气转化反应和水蒸气重整反应，改变反应动力学等。研究表明，稀土氧化物 CeO_2 催化氧化的能力要远高于其他氧化物，而且不掺杂贵金属也可达到同样的催化效果。因贵金属资源匮乏和价格昂贵，而中国具有丰富的稀土矿物资源，因此，将稀土元素掺入柴油车用催化剂的涂层，减少贵金属的用量，具有很好的应用前景。

过渡金属氧化物，如 TiO_2、V_2O_5、Cr_2O_3、MnO_2 等对碳烟、SOF 和 C_xH_y 有催化作用，它们既可单独使用也可混合使用，不同催化剂的氧化效果各不相同。如以 Cu 为活性组分的催化剂，在催化氧化碳颗粒方面具有很好的催化性能。碱金属和碱土金属氧化物在氧化催化剂中主要起助剂和稳定剂的作用。碱金属和碱土金属能显著降低炭黑颗粒的燃烧温度，被认为是较好的催化炭黑颗粒氧化的催化剂。如 K 能通过增强表面的移动性而增大炭黑颗粒与催化剂之间的相互作用。由于碱金属和碱土金属及其氧化物在空气中不稳定，通常使用其氢氧化物或盐。

金属之间的协同作用在很大程度上会改善催化剂的综合性能。由稀土元素和过渡金属元素组成的钙钛矿（ABO_3）或类钙钛矿（A_2BO_4）型复合氧化物催化剂在高温下稳定，具有催化燃烧和 NO_x 还原的双重作用，抗 Pb、P、S 中毒性能较强，因复合氧化物的 A 位或 B 位在经过少量贵金属取代后，催化性能大幅度提高，因此添加少量贵金属的钙钛矿结构氧化物是研究的热点。

碱金属离子部分取代 A 位离子可显著提高其活性，将碱金属盐涂覆于钙钛矿或类钙钛矿型复合氧化物上能显著提高其催化活性并改善其热稳定性，其中涂覆钾盐的效果最好。此外，钙钛矿或类钙钛矿型复合氧化物催化剂还可催化脱除 NO_x，是一种新型的柴油车尾气净化催化剂。

需要注意的是催化剂的选择与柴油发动机排气温度密切相关，当温度低于 150℃时，催化剂基本不起作用。随着温度的升高，排气微粒主要成分的转化效率逐渐升高。当温度高于 350℃后，由于硫酸盐大量产生，反而使微粒排放量增大，而且，硫酸盐还会覆盖在催化剂表面降低催化剂的活性和转化效率。此外硫对大多数催化剂来讲都有毒性，可引起催化剂中毒。因此，在我国使用 DOC 时必须提高燃油品质，还要设法降低氧化催化器的成本价格。

DOC 可以有效降低微粒排放中 SOF 的含量从而降低 PM 的排放。同时可以有效减少排气中的 C_xH_y、CO。DOC 可以除去 90%的 SOF，从而使 PM 排放减少 40%～50%。其对 C_xH_y 和 CO 的处理效率可分别达到 88%、68%。催化氧化技术对脱除柴油机排放微粒中的 SOF 具有良好的效果，即在柴油机排气系统中增设 DOC，SOF 在铂、铑和钯等贵金属催化剂或稀土催化剂等的作用下发生氧化反应转化为 CO_2 和 H_2O 而除去，通常其脱除效率可达 80%。同时还可除去尾气中的 C_xH_y 和 CO 等有害物质。

但该技术脱除碳颗粒物的效果比较差，并且催化剂有将排气中的 SO_2 催化转化为 SO_3 而生成硫酸盐颗粒的倾向，尤其是温度较高时硫酸盐生成速率增大，从而使颗粒物排放总量减少甚微。并且硫化物的存在还易使催化剂中毒。所以柴油机颗粒催化氧化技术一般适用于含硫量较低的柴油燃料。DOC 对 PM 的捕捉效果不如 DPF，但是由于烃类化合物的点火温度较低（在 170℃下就可再生），所以 DOC 不需要昂贵的再生系统，投资费用较低。

2.3.3 DPF 系统设备选型

据我国柴油颗粒捕集器行业技术分析，由于柴油机具有低油耗、高热效率和低排放等特点，又具有良好的经济性、动力性和可靠性，因而被广泛地用作汽车和工程机械的动力。但其尾气中含有大量的PM，约为汽油机的30～80倍，成为城市中的一个重要污染源。

颗粒捕集技术是目前公认的最为有效的颗粒净化技术，也是目前商用前景最好的技术之一。DPF即柴油颗粒捕集器，指安装在柴油车排气系统中，通过过滤来降低排气中PM的装置。DPF能够有效地净化排气中70%～90%的颗粒，是净化柴油机颗粒物最有效、最直接的方法之一，已在国际上实现了商品化。DPF安装在柴油机排气管上，排气通过时，PM主要被滤芯吸附过滤，如图2-22所示。

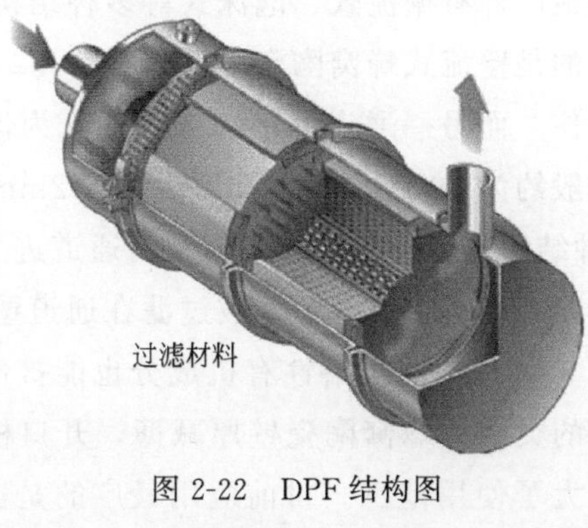

图2-22 DPF结构图

DPF捕集效率主要受到颗粒粒径、过滤体微孔孔径、排气流速及气流温度等因素影响。随着工作时间的增长，过滤体内堆积的颗粒增多，发动机的背压上升，影响柴油机的正常工作，需要用燃烧等方法将这些微粒除去，即过滤体的再生。DPF的关键技术是过滤材料及其再生的选择和研究。因此，DPF设备的选型归根结底是过滤材料的选型。

2.3.3.1 DPF选型

DPF过滤材料的结构与性能对整个颗粒捕集系统的性能（如压降、过滤效率、强度、传热和传质特性等）有很大的影响。DPF对过滤材料的要求是：高的颗粒过滤效率，低的排气阻力，高的机械强度和抗振动性能，并且还必须具备抗高温氧化性、耐热冲击性与耐腐蚀性。其中高的过滤效率与低的排气阻力是相互矛盾的，选择材料时要综合考虑这两方面的性能。国外对过滤材料的研究已经取得较大的突破，出现了一些商品化的产品。目前国内外研究和应用的过滤材料有陶瓷基、金属基和复合基三大类[38]。

(1) 陶瓷基过滤材料

目前研究和应用最多的是陶瓷基过滤材料，它们通常由氧化物或碳化物组成，常用的过滤材料有堇青石（cordierite）、碳化硅（SiC）、氮化硅（SiN）、莫来石（mullite，多铝红柱石）、莫来石/氧化锆、钛酸铝（aluminiumtitanate）等。陶瓷基过滤材料具有多孔结构，在700℃以上能保持热稳定，比表面积大于$1m^2/g$，主要包括蜂窝陶瓷、泡沫陶瓷及陶瓷纤维毡[39]。

① 蜂窝陶瓷过滤材料

蜂窝陶瓷过滤材料常用热膨胀系数低、造价低廉的堇青石制成。这种材料开发最早，使用最广，有壁流式、泡沫式等多种结构。目前在DPF过滤体上研究和使用较多的是壁流式蜂窝陶瓷。它具有多孔结构，相邻两个通道中，一个通道进口被堵住，而另一通道的出口被堵住，为保证其机械强度和耐热强度，孔道密度一般约为16孔/cm^2，孔道截面为2mm×2mm左右，壁厚为0.4mm左右。这种结构迫使排气由入口敞开的通道进入，穿过多孔的陶瓷壁面进入相邻的出口敞开通道，而微粒就被过滤在通道壁面上，这种DPF对微粒的过滤效率可达90%以上。可溶性有机成分也能被部分捕集，近年来在制造技术上取得较大的突破，蜂窝陶瓷壁厚减薄，开口横截面积增大，从而降低了背压损失，扩大了使用范围。目前应用最广的是美国Corning公司和日本NGK公司生产的DPF，其采用的就是壁流式蜂窝陶瓷。但这种滤芯受温度影响较大，排气温度较低时沉积在壁面的C_xH_y成分将在排温升高时重新挥发出来，并排向大气；发动机工作的热循环引起过滤体尺寸的交替变动，会导致过滤材料的持续退化；若采用热再生，导热系数小的堇青石容易受热不均而局部烧融或破裂。

② 泡沫陶瓷过滤材料

泡沫陶瓷是将浸渍堇青石陶瓷浆体的聚氨酯泡沫塑料半成品经过高温煅烧，塑料气化逸出得到的陶瓷骨架。与蜂窝陶瓷相比，泡沫陶瓷可塑性大大增强，孔隙率大（80%～90%）且孔洞曲折，材料的热膨胀系数各向同性，具有更好的热稳定性，近年来被用作柴油机排气微粒的过滤材料，但捕集效率较低（50%左右），烟灰吹除困难。

③ 陶瓷纤维毡过滤材料

陶瓷纤维材料不受固定尺寸的限制，过滤体的孔形状和孔分布有广泛的选择余地，通过改变各种设计参数可使应用达到优化。陶瓷纤维毡具有高度表面积化的特点，过滤体内纤维表面全是有效过滤面积，过滤效率可高达

95%。但陶瓷纤维是一种脆性的耐高温材料，生产工艺较复杂且易损坏。

(2) 金属基过滤材料

金属在材料的强度、韧性和导热性等方面有陶瓷无法比拟的优势。目前研究较多的是泡沫合金和金属纤维毡[40]。

① 泡沫合金过滤材料

泡沫合金过滤材料是一种具有三维网络骨架的材料，日本住友电工公司曾采用泡沫镍作为过滤材料，但镍的耐腐蚀性差，为改善其在高温环境和含硫气氛中的耐腐蚀性，采用耐热耐腐蚀的镍铬铝和铁铬铝高温合金，合金表面是结构牢固的。例如 $\alpha\text{-}Al_2O_3$，可在 800℃的高温下静置 200h 基本不受侵蚀。这种泡沫合金具有高的热导率，可兼作热再生装置的辐射加热器，热度分布均匀，再生时过滤体不会开裂与熔化。泡沫合金的主要优点包括：具有大孔径和薄骨架结构，泡沫合金表面容易被熔融铝液浸透并覆盖，退火处理后得到保护层；由于合金骨架的机械强度高，可大大改善过滤材料的耐振性能；应用粉末冶金技术制造泡沫合金，可以降低生产成本。

② 金属纤维毡过滤材料

金属纤维毡与陶瓷纤维毡过滤材料相比，具有强度高、使用寿命长及容尘量高等特点；与金属丝网过滤材料相比，具有过滤精度高、透气性好、比表面积大和毛细管功能等特点，尤其适用于高温、有腐蚀介质等恶劣条件下的过滤，因此是一种很有前途的柴油机颗粒过滤材料。

(3) 复合基过滤材料

陶瓷基过滤材料和金属基过滤材料都有不可避免的缺陷，因此，科研工作者开始考虑复合基增强过滤材料，目前的研究与应用主要集中在纤维毡结构上[41]。为了解决在再生过程中燃烧引起的局部过热导致过滤材料熔融破裂或残留烟灰黏附在过滤材料上使 DPF 失效的问题，NHK Spring 公司发明了一种新型过滤材料，这种过滤体的单元由叠层金属纤维毡和氧化铝纤维毡组成。金属纤维毡材料是 Fe-18C-3Al，最高耐热温度 1100℃，氧化铝纤维毡材料是 $70A1_2O_3\text{-}30SiO_2$，最高耐热温度 1400℃。从排气进口到出口，叠层纤维毡的密度越来越小，保证了 PM 的均匀捕获，过滤效率可达到 80%～90%，同时能起到消声器的作用。

各类过滤器对比如表 2-3 所示。

表 2-3 各类过滤器对比

陶瓷壁流式	金属分流式
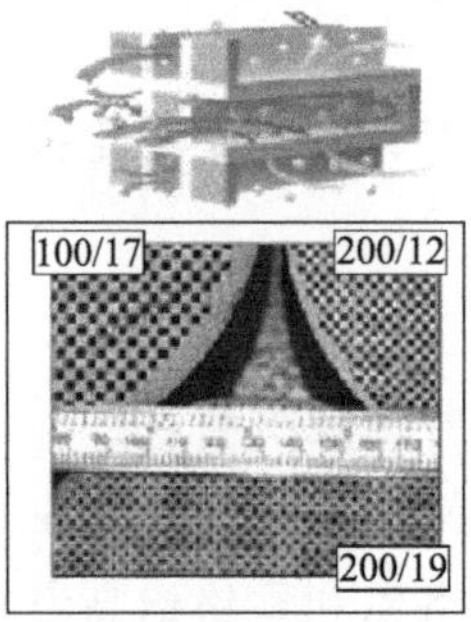	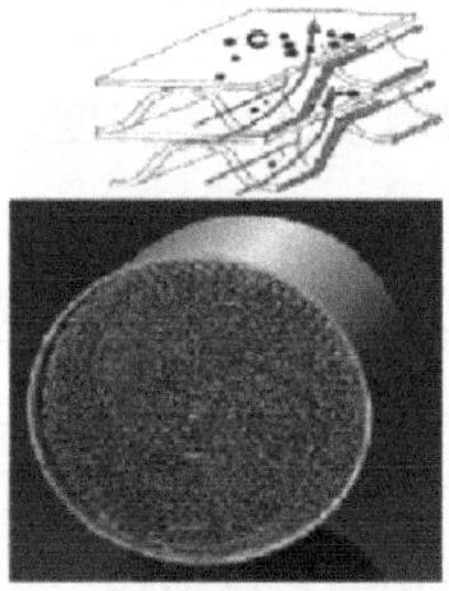
材料特性 •碳化硅/堇青石 •熔点 1420℃/1200℃ •最大安全容碳量 3g/L •抗热振热冲击性差	材料特性 •金属叶片材质 •熔点 1500℃ •最大安全容碳量 5g/L •抗热振热冲击性好
背压特性 (@12m^2/min,5g/L):100bar	背压特性 (@12m^2/min,5g/L):200bar
金属纤维壁流式	**FT 壁流式**
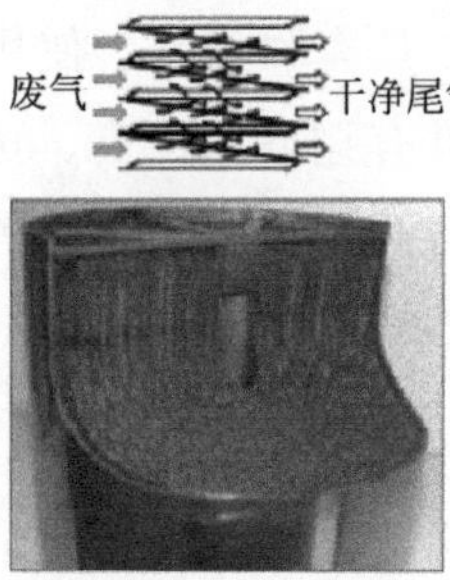	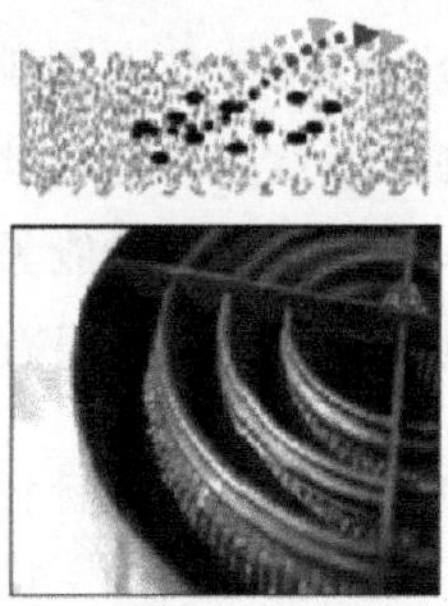
材料特性 •金属纤维毡材质 •熔点 1500℃ •最大安全容碳量 3g/L •抗热振热冲击性好	材料特性 •金属叶片材质 •熔点 1500℃ •最大安全容碳量 5g/L •抗热振热冲击性好
背压特性 (@12m^2/min,5g/L):N/A	背压特性 (@12m^2/min,5g/L):100bar

注：1bar=10^5Pa。

2.3.3.2 DPF 再生

DPF 是一种物理性的降低排气微粒的方法，在工作过程中，微粒会积存在过滤器内，导致柴油机排气背压增大，当排气背压超过 20kPa 时，柴油机工作开始明显恶化，导致发动机动力性和经济性等性能降低，必须及时除去沉积的微粒，才能使 DPF 继续正常工作，即 DPF 的再生，这是 DPF 能否在柴油机上正常使用的关键。在 DPF 开发的早期，曾采用脱机再生的方法解决再生问题，但只有成功开发在柴油机上自动实现再生的技术，才能从根本上解决其实用性问题。实用化再生技术必须要求：能在各种工况下正常工作；对柴油机工作特性及燃油经济性具有较小的影响；不应对环境产生二次污染；具有良好的可靠性和耐久性，耐久性在 8 万千米以上；便于操作；寿命和价格应能被用户接受。

柴油机排气微粒通常在 560℃以上时开始燃烧，正常的燃烧温度在 800℃以上。而实际柴油机排气温度一般低于 500℃，一些城市公交车排气温度甚至在 300℃以下，排气流速很高，因而在正常的条件下难以烧掉微粒。近 20 年来，国内外对柴油机颗粒捕集器再生技术进行了大量细致的研究工作，提出了多种再生技术，并有不少再生技术已进入实车使用阶段。再生系统根据原理的不同可分为主动再生系统与被动再生系统两大类。

(1) 主动再生系统

主动再生是通过外加能量提高气流温度到微粒的起燃温度（500～600℃）使微粒燃烧。迄今提出的再生控制方法很多，利用背压判断再生是最为普遍的一种方法，实质是判断颗粒捕集内的微粒量是否满足再生要求。目前研究较多的外加能量再生控制系统有：燃气再生系统、电加热再生系统、逆向喷气反吹再生系统、红外加热再生系统、微波加热再生系统等。

① 燃气再生系统

燃气再生技术是在发动机的排气不旁通的情况下，将燃气通入排气中，直接利用排气中剩余的氧气和燃气混合燃烧，对沉积在过滤体中的微粒进行加热，达到着火温度燃烧实现再生。过滤体在过滤的过程中避免了再生时旁通排气造成的污染。这种再生方式与催化再生相比，适合在高硫条件下使用，符合我国燃油含硫量较高的国情，同时，由于采用气体燃料，与排气同为气相，容易形成均匀的混合气，加热再生时燃烧比较充分。计算得出排气中的氧气完全满足各工况下燃气燃烧需要。试验研究发现，燃气流量具有较大的范围，其再生效率基本不变，可达 80%以上。过滤体内的微粒沉积量对再生结果没有显著的影响，在较小的微粒沉积量下，燃气再生仍可以进行，即再生时机的选择范围较大。再生时间与再生效率、燃气流量以及过滤体微粒沉积情况密切相关，随着再生时间的延长，排气背压下降，而过滤体温度升高。需要根据各种因素，选取合理的再生时间。由于气流速度大，火焰难以形成，容易熄灭。这样进入的燃气会造成更大的污染。再生时间控制不当，会导致过滤体的烧坏。

② 电加热再生系统

电加热再生是利用置于过滤体前部的电阻丝点燃其周围的微粒，再靠这部分微粒燃烧的能量引燃其余的微粒，实现再生。由于车用24V蓄电池受电功率的限制，目前采用分区布置再生，且试验已证明了其可行性。

影响电加热再生效果的主要因素有再生时机、再生废气量、加热器结构和功率、再生策略等因素。再生方法中补气节流再生是成熟的再生方法，它利用两个蝶形阀，再生开始时旁通阀完全打开的同时，调节阀完全关闭，补充空气利用调节阀上的小孔通入部分排气，直至再生结束，补气节流再生可在不同转速和负荷的任意工况下，实现过滤器的再生。其难点主要有：首先要消耗大量的电能，增加了油耗和蓄电池的负担；其次再生过程影响因素较多，系统稳定性差。因此需要对电器元件的选择和绕制、电阻丝的布置方案、再生顺序、通电加热时机、微粒积存量的多少、过滤器温度等方面进行考虑和研究。

③ 逆向喷气反吹再生系统

逆向喷气反吹再生是利用压缩空气从与过滤时气流流动相反的方向清洁过滤体。它将过滤体的再生和微粒的燃烧分开，避免微粒在过滤体中燃烧，使过滤体的使用寿命和可靠性得到保证；另外再生时间短，不可燃物质不会在过滤体内积存。

④ 红外加热再生系统

红外加热再生首先由加热器加热具有较强辐射能力的红外涂层，然后由红外涂层通过辐射方式加热过滤器中捕捉的微粒，它兼具有电加热结构简单和加热高效能的优点。

试验发现：过滤器再生分为加热和燃烧两阶段，径向燃烧不同步，存在温度梯度。再生气流对再生过程有很大的影响，再生气流的氧浓度对燃烧的影响和气流流动对热量传输的影响很大。大连理工大学的高希彦等[42]在对柴油机微粒陶瓷过滤器红外再生的试验研究中发现，柴油机微粒陶瓷过滤器红外再生方法的主要影响因素有再生用废气量、加热器的功率及结构和再生策略等。

⑤ 微波加热再生系统

在微波加热再生系统中，微粒能以60%～70%的能量效率吸收频率为

2～10GHz 的微波。因陶瓷的损耗系数很低，对微波来说实际上是透明的，所以微波不会加热陶瓷，且 DPF 的金属壳体会约束微波，防止微波外逸并把它反射回滤芯上。

微波加热再生利用微波独具的选择加热及体积加热特性，在过滤体内部形成空间分布的热源，使微粒就地吸热、着火并燃烧。试验表明，再生过程中过滤体内部温度梯度小，热应力引起的过滤体损坏的可能性减小，再生窗口宽，再生过程易于控制。微波再生效率高，没有二次污染，是目前研究较多的一种再生技术。

（2）被动再生系统

被动再生是利用化学催化的方法降低微粒的反应活性，能使微粒在柴油机正常运行条件下燃烧，达到再生目的。研究表明，一些贵金属、金属盐、金属氧化物及稀土复合金属氧化物等催化剂对降低柴油机碳烟微粒的起燃温度和转化有害气体均有很大的作用，但为防止催化剂中毒，必须使用无硫柴油。催化剂的使用方法有两种，一种是在过滤体滤芯表面浸渍催化剂，另一种是在燃油中加入添加剂。

采用滤芯表面浸渍催化剂，由于固体微粒与催化剂的接触反应极不均匀，很难进行完全再生。另外，由于柴油机排气中的微粒含量很大，随着时间的推移，催化剂的作用会逐渐减弱甚至完全消失，即催化剂中毒，从而影响到过滤体的有效再生。

在燃油中加入添加剂是目前研究的热点，添加剂一般为可溶性的金属或金属盐等，燃烧后生成的金属氧化物对微粒起催化作用，降低微粒起燃温度，从而在较低的排气温度下不需外部能源，过滤体就能自行再生。但燃料添加剂的燃烧产物金属氧化物随排气流经过滤器时，有一部分会沉积下来。试验表明，金属添加剂在过滤体中的沉积率与滤芯对微粒的捕集效率基本一致。积累在过滤体上的添加剂金属燃烧产物会堵塞过滤体孔隙，缩短过滤器使用寿命，若沉积过多，将导致背压上升，影响柴油机的动力性和经济性，且排入大气中的金属可吸入颗粒物又会引起二次污染。

使用催化再生的 DPF 对微粒的捕集与对过滤体的再生是同时进行的，是一种连续再生的方法。这种 DPF 装置目前要解决的问题是：在柴油机的各种运转条件下不发生炭粒堵塞现象和避免催化剂中毒，以确保炭粒净化率的长期稳定性，提高其使用寿命。SO_2 是使催化剂中毒的主要因素，它与催化剂载体的主要材料氧化铝相互作用并封锁催化剂铂，使反应区的质量交换条件变坏。俄罗斯汽车与汽车发动机科学研究所在这方面的研究走在世界前列，他们从两方面着手：一方面开发一种与氧化硫不发生作用和催化载体——采用氧化硅或涂有氧化硅保护层的氧化铝；另一方面寻找一种具有封锁性能的、有很高的抗氧化硫的活性成分，其基本成分选用催化活性剂。结果表明，催化剂的催化效率在较长时间内能得到保证。

颗粒捕集器被认为是彻底减少柴油发动机微粒排放的最有效方法，许多类型的颗粒捕集器净化效率可达99%，为满足日趋严格的排放法规，研制高性能的过滤材料和与之相适应的低成本、简单和可靠性好的再生方法，是当前DPF的研究热点，也是产业化的关键问题。虽然目前再生方法很多，但每种再生方法都有自己的优缺点。催化再生时过滤体温度低，可靠性得到了保证，但需要使用无硫柴油。利用外部热源再生，再生可靠，但消耗额外能源，经济性差。燃油添加剂再生需要柴油机不能长时间工作于低速工况等，将两种以上再生方法结合使用是今后研究的发展方向。

2.3.4 SCR系统设备选型

2.3.4.1 SCR系统组成

在柴油发动机试车台架SCR系统中，最常用的还原剂为尿素。因此，本文将围绕尿素-SCR系统展开讲解。如图2-23所示，图中为尿素-SCR系统总体简图，其硬件部分包括尿素喷射系统（喷射控制单元、尿素供给单元、喷射单元、尿素箱等）、SCR催化器箱（载体、催化剂及其封装）、传感器（排温传感器、NO_x传感器、尿素液位温度传感器等）及连接线路和管路等。喷射控制单元ECU通过CAN总线从发动机获取与尿素喷射相关的参数（发动机转速、负荷、进气空气流量、原机NO_x浓度），实现尿素喷射信息的判断。

2.3.4.2 SCR设备选型

尿素-SCR系统NO_x转化效率受许多因素的影响，发动机方面主要有：燃油品质、排气温度、排气流量和原始NO_x浓度；SCR方面主要是：催化剂性能、尿素溶液喷射控制策略、尿素雾化质量、尿素液滴的分解和混合均匀性等因素。目前的研究主要集中在尿素喷射系统和SCR催化剂两方面。因此，SCR系统设备选型主要围绕尿素喷射系统和SCR催化转化器选型展开。

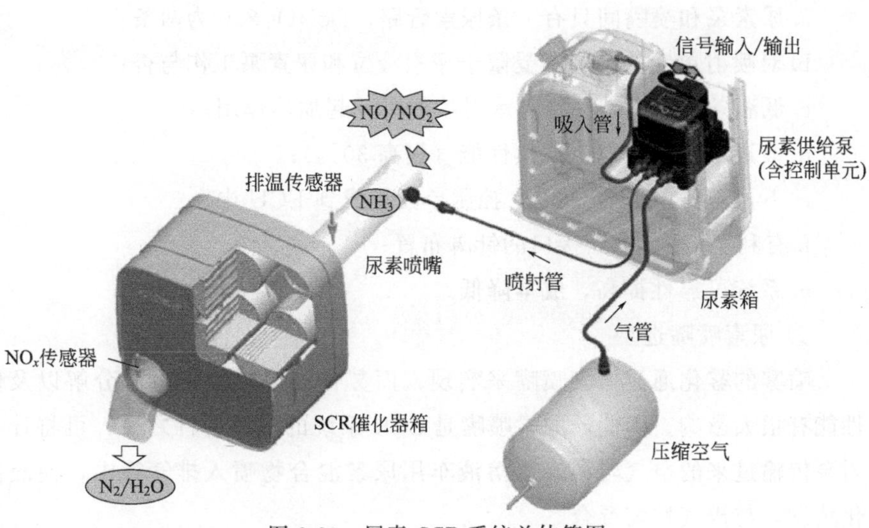

图 2-23 尿素-SCR 系统总体简图

(1) 尿素喷射系统选型

尿素喷射系统由控制器（DCU）及尿素供给单元（简称为尿素泵）、尿素喷射单元（简称为尿素喷嘴）、尿素箱、相应管路、传感器和连接线束组成，其中控制器、尿素泵、尿素喷嘴是 SCR 喷射系统最复杂、最核心的技术内容。尿素喷射系统计量精确性和喷雾雾化质量是尿素喷射系统中最基本的功能要求；耐久性、可靠性、防低温结冰等也是重要的指标要求。如果尿素喷射系统计量不够精确会造成喷入的尿素溶液过少或过多而偏离预定的喷射量，从造成 NO_x 转化效率降低或者氨逃逸过量。尿素溶液喷雾雾化质量对尿素溶液的蒸发、分解和沉积物的生成有很大的影响。

① 控制器及尿素泵选型

目前在柴油发动机试车台架中常用的控制集成系统主要有：$DeNO_x$ 2.0 和 $DeNO_x$ 2.2 系统。其中，$DeNO_x$ 2.0 中 DCU 通过 CAN 线与 ECU 通信，进而控制尿素的喷射时间和喷射量，喷射频率为 4Hz，具有自动倒吸功能，系统压力为 5bar（相对，$1bar=10^5Pa$）。而 $DeNO_x$ 2.2 可将控制单元集成到 ECU 中，不仅降低了成本，同时也避免了 $DeNO_x$ 2.0 系统中因 DCU 与 ECU 通过 CAN 通信中断而导致系统无法工作的可能；泵单元解冻时间为小于 30min，喷射频率为 1Hz，倒吸时间小于 90s，系统压力可达到 9bar（相对）。因此，$DeNO_x$ 2.0 系统将逐渐被 $DeNO_x$ 2.2 系统所取代。

$DeNO_x$ 2.2 系统与 $DeNO_x$ 2.0 系统比起来，具有以下优点：

a. 尿素泵和喷嘴间只有一条尿素管路，$DeNO_x$ 2.0 为两条；

b. 对喷射单元的冷却不受限于尿素液位和尿素泵工作与否；

c. 低温条件下发动机冷却水对喷射单元起加热作用；

d. 改进了泵单元的电加热性能（提高 30%）；

e. 不再需要单独的 DCU，控制单元集成到 ECU 中；

f. 有利于 OBD 诊断接口的针脚布置；

g. 系统可靠性提高，成本降低。

② 尿素喷嘴选型

喷雾的雾化通过尿素喷嘴来实现，而雾化效果对尿素溶液分解以及催化性能有很大影响。因此，尿素喷嘴是 SCR 系统的核心部件之一，可将计量喷射泵传输过来的空气与尿素水溶液车用尿素混合物喷入排气管中，使液体雾化蒸发，与排气均匀混合。

③ 尿素箱系统选型

尿素箱系统总体包括尿素箱、温度传感器、液位传感器、加热装置等。在选型时通常遵循以下原则：

a. 能够有效监测尿素溶液温度；

b. 能够通过发动机热水对尿素加热，满足后续使用；

c. 能够监测液位高度，满液位和零液位、空罐时向 ECU 发出报警信号。

④ 配套管线选型

由于尿素对普通钢材有一定的腐蚀性，再加上高温，会急剧侵蚀低碳钢部件。因此在配套管线选型时需要注意以下几点：

a. 喷嘴安装位置上游 200mm 到催化转化器的排气管路要使用 304 或 439 级不锈钢材料（0Cr18Ni9 不锈钢），喷嘴底座和紧固螺栓材料也要求采用相同或相似金属材料；

b. 为降低尿素在排气管壁上沉积的可能性，排气管要选择内壁光滑的材料；

c. 前半段连接增压器的出口，要采用带有波纹管、膨胀节或编织软管。

(2) SCR 催化转化器选型

SCR 催化转化器主要包括催化剂、载体、封装三个部分。其中催化剂是 SCR 技术的核心部分，对 SCR 的运行有直接影响。载体是承载催化剂的支撑体，起到分散催化剂活性成分的作用。封装可以较好地保护内部的载体和催化剂，起到密封的作用。内部结构通过优化设计尽可能提高尿素液滴与排气混合均匀性，充分促进尿素溶液的分解，并应该有效防止尿素溶液产生沉积。下文将围绕 SCR 催化剂选型和载体选型展开。

1）SCR 催化剂选型

脱硝催化剂的性能取决于催化剂活性组分以及载体，按活性组分主要分为金属氧化物催化剂和贵金属催化剂。其中，金属氧化物催化剂是目前脱硝催化剂中研究最多的一类。

① 金属氧化物催化剂

金属氧化物催化剂因其较高的脱硝活性和较为低廉的价格得到广泛研究学者的青睐，也是目前最具发展前景的催化剂。金属氧化物催化剂的活性组分和载体都由金属或金属氧化物构成。大量研究表明，V、Fe、Cu、Mn、Ce、Cr、Mo、W 等元素的金属氧化物都可以展现出良好的 SCR 脱硝活性。

a. V 基催化剂

V 基氧化物催化剂具有高活性、高选择性以及良好的抗硫性能等优点，是 NH_3-SCR 领域研究最多，并成熟应用的脱硝催化剂之一，大量用于燃煤电厂和工业锅炉等烟气脱硝领域。科技部“十二五”及“863”计划柴油车团队（现为“十三五”重点研发计划柴油车团队，以下简称“柴油车团队”）在我国首次成功开发了基于国产原材料的大尺寸蜂窝陶瓷载体关键设备与工艺，并设计建造了年产 600 万升大尺寸载体生产线，实现了国产化钒基 SCR 催化剂，因其优异的抗硫中毒能力和低廉的价格，而成为我国国Ⅳ和国Ⅴ阶段重型柴油车尾气 NO_x 排放控制的首选。

V_2O_5-WO_3/TiO_2 催化剂在固定源烟气脱硝领域应用多年，并成为第一代柴油车 SCR 催化剂，但 V 基氧化物催化剂存在具有生物毒性、高温稳定性差、操作温度窗口较窄等问题。

目前的研究集中于通过改善活性组分、改变制备方法和载体优化等方法对 V 基催化剂进行改性，提高了低温活性，使其具有良好的低温 NH_3-SCR 性能。然而，由于 V 具有很大的生物毒性，可能会对环境造成二次污染，且该类催化剂成本高昂，开发非 V 基类催化剂成为各国研究热点。

为了替代 V 基催化剂在柴油发动机试车台架上的应用，研究者开发了 Fe 基氧化物和 Mn/Ce 基氧化物等非 V 金属氧化物催化剂，以及 Cu 基分子筛催化剂。

b. Fe 基催化剂

Fe 基催化剂具有较好的中高温脱硝活性和 N_2 选择性，且温度区间较宽，同时抗 SO_2 中毒的能力较强。加之其绿色廉价的优点，所以在 SCR 研究方面也得到了广泛关注。目前，铁基 SCR 催化剂主要有三类：非负载型铁基催化剂（纯氧化铁/铁基复合氧化物）、负载型铁基催化剂以及铁离子交换分子筛催化剂，氧化铁也可以作为助剂用于脱硝催化剂的制备。

虽然铁基催化剂抗 SO_2 中毒和 H_2O 抑制能力很强，但目前报道的 Fe 基分子筛催化剂本身仍存在较多问题。如纯铁基催化剂的活性温度依旧较高，尚无法运用于中低温 SCR 工艺中。铁基分子筛易发生水热老化现象，会严重损害催化剂的脱硝性能，这些都限制了铁基在实际工程中的应用。所以拓宽铁基催化剂活性温度窗口，研究和开发中低温脱硝铁基催化剂极其重要。

目前，对铁基催化剂的性能优化主要有以下三方面：增大烟气中 NO_2 的浓度，诱发加快 SCR 反应的进行，提高 Fe 基催化剂的脱硝活性；添加稀土（如 Ce）、贵金属（Pd，Rh，Pt 等）和过渡金属（Mn，Cu，Zr，Cr，Ni 等）作助剂；开发新型铁基分子筛催化剂。

c. Cu 基催化剂

目前常见的 Cu 基 SCR 脱硝催化剂大多为负载型催化剂。因为合适的载体不仅可以使活性组分分散良好，还能防止催化剂颗粒结晶，提高催化剂脱硝性能。各国学者围绕 TiO_2、Al_2O_3、碳基材料和分子筛等材料展开了大量的研究。

目前国内外对于 Cu 基脱硝催化剂的研究较多，但是大多致力于高温段和中温段 NH_3-SCR 催化剂体系的研究。今后对于这类催化剂的研究可从优化低温性能，以及通过对金属改性和载体改性的方法提升催化性能，以达到提高 SCR 脱硝活性、水热稳定性和抗毒化性能等目的。同时也应考虑 SCR 反应机理，开发出适于工业应用的 Cu 基分子筛催化剂。

d. Mn 基催化剂

金属锰氧化物催化剂由于其具有优异的氧化还原性能和低温脱硝活性，成为目前脱硝催化剂领域的研究热点。从金属的数量来分类，主要分为单金属[43,44] 和多金属锰基金属氧化物催化剂[45]。

目前 Mn 作为活性组分的催化剂具有良好的低温脱硝效果，具有较好的工业应用前景。但是其存在的抗硫抗水性差等问题限制了其大规模应用。后续可通过改进制备方法、添加活性组分助剂或优化载体等手段，改善催化剂抗水抗硫性能。研究出具有高脱氮效率，高氮气选择性，优异的耐 SO_2 和 H_2O 性能，较宽的操作温度窗口等新型锰基催化剂是未来研究人员的重点研究方向。

② 贵金属催化剂

贵金属催化剂具有较高的催化活性、较强的热稳定性、较长的使用寿命等优良特性。

Xu 等[46] 通过浸渍法制备了不同配比的 Ag/Al_2O_3 贵金属催化剂，在以 C_3H_6 和 H_2 为还原剂的条件下，对脱硝效果进行了评估。结果表明，2%（质量分数）Ag/Al_2O_3 催化剂的催化效果最佳，在 250～500℃的宽温度范围内表现出了 90%以上的脱硝率，但美中不足的是，在同样的温度区间内还原剂的转化率有待提高。Lanza 等[47] 通过初湿含浸法以 Al_2O_3 为载体分别负载 Pt、Rh、Ag 三种不同贵金属，C_3H_6 为还原剂，在宽温度范围内考察了三者的脱硝率。结果表明，三种催化剂均表现出了较高的催化活性，其中 Ag 催化剂在 350～600℃内催化效率可达 80%～100%，Pt、Rh 催化剂的催化效率相比于 Ag 催化剂稍低，但是在 200～400℃的低温条件下表现很好，不过 Rh 催化剂受水蒸气影响很大，Pt 催化剂的活性表现与还原剂浓度呈线性关系。

虽然贵金属催化剂在低温下具有一定的脱硝活性和较好的稳定性，但是仍存在许多缺点：产生强烈的氧阻抑现象，导致催化剂活性降低；贵金属与 SCR 反应常用的还原剂 NH_3 发生氧化反应，需要更换还原剂，降低了反应的经济性；贵金属价格较高会造成成本增加；温度窗口较窄，抗硫性较差。

2）载体选型

载体作为 SCR 催化剂的重要组成部分，起到承载催化剂分散催化剂活性成分的作用。目前常用的 SCR 催化剂载体主要有 TiO_2、分子筛、Al_2O_3、碳材料等。

① TiO_2

作为 SCR 催化剂载体，TiO_2 具有高的比表面积，利于活性组分在载体上的分布，是目前 V 基催化剂中最常用的载体。同时由于硫酸盐可以很容易地在 TiO_2 表面分解，因此，TiO_2 还具有良好的抗 SO_2 中毒性能。

早期的研究中，Peña 等[48] 考察了不同过渡金属（V、Cr、Mn、Fe、Co、Ni、Cu）氧化物负载在锐钛矿 TiO_2 上低温 NH_3 选择性催化还原 NO 的性能。研究表明，各催化剂均表现出较好的脱硝效率，其催化活性排序为：Mn＞Cu≥Cr≥Co＞Fe≥Ni。因此，对于 SCR 催化剂，TiO_2 是一种理想的催化剂载体。

Ramis 等[49] 研究发现，$CuO\text{-}TiO_2$ 催化剂在氧气存在的条件下，即使相对较低的温度也显示较高的活性，在 247℃附近有最大的 NO 转化率。而在相对较高的温度下，NO 转化率下降，这是由于氧化 NH_3 和 NO_2 存在竞争关系。NH_3 在 TiO_2 上的吸附形式只有 NH_3，对于以 TiO_2 为载体的催化剂，若有 NH_4^+ 存在，则该吸附位不在 TiO_2 上[50]。Yu 等[51] 利用浸渍法制备 $CuSO_4/TiO_2$ 催化剂，当 Cu、Ti 摩尔比为 4∶1、温度高于 340℃时，NO_x 的转化率大于 94%，而当温度低于 340℃时，催化活性下降。因此，对于 TiO_2 今后的研究重点是找到合适的助剂、优化催化剂的制备方法，以提高 TiO_2 负载催化剂在低温下的活性。

② 分子筛

由于出色的吸附性能，稳定性较好，催化剂抗毒能力强，分子筛被广泛应用于 SCR 催化剂，是目前研究最热门的一种多孔材料，常见的有 SAPO-34、ZSM-5、SBA-15、MCM-41。

Tang 等[52] 考察了一步法合成的 Cu/SAPO-34 催化剂的老化机理。刚制备的催化剂 Cu 负载量为 3.91%（质量分数）时脱硝率最佳，在 200～400℃间保持了 90%以上的脱硝率；但是随着催化剂的老化，过高的 Cu 负载量会使 Si—OH—Al 构架带断裂，导致催化剂的效率下降。因此 Tang 等得出的结论是 Cu 最佳负载量为 1.70%。Xiang 等[53] 系统性地考察了不同负载量以及不同 Si 含量的 Cu/SAPO-34 催化剂的抗水性。研究表明，具有高含量 Si 以及中含量 Cu 的 Cu/SAPO-34 催化剂具有最好的抗水性，这是由于 Cu^{2+} 的大量存在以及酸浓度的保持。Yu 等[51] 发现，在 MnO_x/SAPO-34 催化剂中添加 Pr 元素，可有效提高催化剂的低温催化活性和抗硫性。相比于 Mn 元素，Pr 元素更容易与 SO_2 结合，能保护 Mn 元素的活性位。

Zhou 等[54] 利用浸渍法得到的 Fe-Ce-Mn/ZSM-5 催化剂，研究了在温度范围 100～500℃，Fe-Ce-Mn/ZSM-5 催化剂对 NH_3 和 NO 氧化过程的影响，结果表明 NO 在 100℃开始氧化，300℃时 NO 氧化率达到最高。此外，他们还指出在 100～400℃范围内，NH_3 更容易氧化为 N_2 而不是 NO；当温度高于 400℃时，NH_3 主要氧化为 NO。Song 等[55] 研究得到 Cu-Zr/ZSM-5 催化剂，该催化剂在很宽的温度区间内（167～452℃）都能使 NO 的转化率达到 100%，远远优于 Cu/ZSM-5。

Zhang 等[56] 利用 SBA-15 型分子筛通过直接合成法制备了一系列双金属催化剂 Fe-Mo/SBA-15。经过研究发现，制作而成的样品中，无一例外都呈现出六边形的中孔结构，而且多金属催化剂的活性较单金属有较大的提升，Fe 能促进 Mo 在分子筛上的有效分散；Mo 又能提高分子筛孔结构的有序性，两者相互促进，使得活性提升。

由于 MCM-41 框架有序且具有相对较大的孔径和较高的比表面积，已被广泛用于新型催化材料的开发。Qiu 等[57] 通过水热合成和传统的浸渍法合成了 Cu/MCM-41 用于 NH_3-SCR 反应，研究发现随着负载在 MCM-41 骨架上铜含量的增加，分子筛骨架上越来越多的硅原子被铜原子所取代。其中，水热合成的 Cu/MCM-41 上的铜物种与传统浸渍法合成的 Cu/MCM-41 上的铜物种还原性相似，且前者的粒径比后者小得多。且当铜的负载量达到 10% 时，铜均匀分散地负载在介孔催化材料上，催化剂的 SCR 活性最佳。

综上可知，分子筛具有结构稳定、排列有序、比表面积大等特点，金属在分子筛中分散度好，所以在催化脱硝中，具有良好的表现。但是目前，分子筛基脱硝催化剂的研究主要集中在中高温区，应用于低温 SCR 的研究较少，催化剂抗 SO_2 和 H_2O 中毒性能方面的研究就更不多见，这极大地限制了分子筛催化剂在低温 SCR 工艺中的实际应用。因此，开发出高抗 SO_2 和 H_2O 性能的分子筛基脱硝催化剂，应从以下几个方面进行努力[58]：

a）分子筛为多孔有序的材料，在设计脱硝催化剂时充分利用分子筛的孔径较为固定的特点，选择或调控对 SO_2 具有筛分作用的分子筛，在制备催化剂的过程中调变其表面酸性及氧化还原能力，以提高催化剂的低温 SCR 活性；

b）通过不同的制备方法控制催化剂的精细结构、活性组分的存在形式等，从而提高催化剂的低温 SCR 活性，如原位合成法、水（溶剂）热法、化学气相沉积法和溶胶凝胶法等；

c）对于具有较好的低温脱硝活性的催化剂，可通过多种原位手段相结合的方法进行研究，如原位红外与质谱相结合、原位红外与程序升温反应技术相结合等，研究其 SCR 催化反应的机理，更好地为开发出活性高、抗中毒能力强的催化剂提供理论指导。

③ Al_2O_3

Al_2O_3 材料热稳定性较高，同时表面酸性有利于吸附含氮物质，因此也常作为催化剂载体。Xie 等[59] 使用硝酸铜水溶液制备 CuO/Al_2O_3 催化剂，该催化剂在 200℃左右对 NO 的转化率达到 80%。比较在 SO_2 存在下低温和高温 SCR 催化剂的抗硫性能发现，300℃以上 SO_2 的存在会大幅提高其 SCR 活性，而低温（150～200℃）下由于 SO_2 造成 CuO/Al_2O_3 中毒，NO_x 的脱除率下降。主要是因为 SO_2 在 200～300℃的温度下，在 SCR 反应中形成硫酸铵盐和硫酸铜，这两种物质可以造成催化剂孔隙阻塞。

目前，对于 Al_2O_3 为载体的催化剂工业应用较少，研究的重点是通过改变催化剂形式制备具有更高低温活性和抗硫特性的催化剂。

④ 碳材料

碳材料孔隙结构发达，在制备过程中由于灰分和其他杂原子的存在，使其基本结构产生缺陷和不饱和键，氧和其他杂原子在活化过程中可以吸附在缺陷位上，形成羧基、酸酐、酚羟基和羰基等各种官能团。在氨选择性催化还原氮氧化物反应过程中，这些酸性位和基础活性位对 SCR 反应有很好的促进作用。此外，碳材料有着较大的比表面积，这为催化剂组分的负载分散提供了良好的空间环境，因此，碳基催化剂的研究也成了众多学者关注的热点。常见的碳材料有活性炭、活性炭纤维、碳纳米管、碳包覆材料等。

a. 活性炭

活性炭巨大的比表面积和发达的孔隙结构有利于催化反应发生，可用于制备低温 SCR 催化剂。Li 等[60] 采用活性炭浸渍三聚氰胺制成 N 掺杂活性炭催化剂（ACM），含氮官能团能促进 NO 的吸附和氧化，80℃时获得 51.7%的 NO 转化率。Izquierdo 等[61] 采用硫酸处理劣质煤制活性炭，发现硫酸处理产生大量的 CO_2 和 CO 衍生含氧官能团，能提高 NO 转化率。Guo 等[62] 研究了硝酸氧化煤制活性炭催化剂，发现活性炭表面生成的羧基、酸酐和酚羟基可以强化 NH_3 的吸附能力，促进催化反应。

b. 活性炭纤维

活性炭纤维（ACF）因特有的孔结构、孔分布、微孔表面积以及表面化学结构等特性而应用于催化脱硝反应。

Yoshikawa 等[63] 采用沥青基活性炭纤维负载 Mn_2O_3，Mn_2O_3 负载质量分数 15%时，在 150℃下，NO 转化率为 92%。Huang 等[64] 采用等离子体和硝酸氧化后的黏胶基活性炭纤维（VACF）负载钒氧化物，获得很好的低温 SCR 活性，氧等离子体改性和硝酸氧化处理能增加 VACF 表面氧官能团，使 VACF 表面更加粗糙，拓宽孔径分布，提高 V 负载量和分散性。Marbán 等[65] 采用自制 NomexTM 活性炭纤维复合材料，浸渍醋酸锰溶液负载制成 Mn/ACF 催化剂，150℃获得很好的催化活性，而采用硝酸酸化能提高催化活性。采用钠离子交换处理，负载的锰氧化物在+2 价和+3 价之间转化形成了 $NO/O_2/NH_3$ 吸附/反应的环境，在空速 11000～25000h^{-1} 和 150℃时，NO_x 转化率为 85%，选择性为 95%。采用 Nomex 纤维分别负载 Mn、Fe、V、Cr 和 Ni 氧化物，150℃的催化活性顺序为：Fe＞Mn＞V＞Cr＞Ni。Zhu 等[66] 研究了低温等离子氧化体活性炭纤维（ACFP）和硝酸氧化活性炭纤维（ACFN）负载 CeO_2 的 SCR 活性，低温等离子体氧化和硝酸氧化处理能显著提高 NO 的转化率，在 180℃和 CeO_2 负载质量分数为 9%时，NO 转化率分别为 86.0%和 94.0%。

c. 碳纳米管

碳纳米管（CNTs）具有一些独特的结构，如石墨化管壁、纳米级管腔以及由 sp^2-C 构成表面等，并展现出较高的机械强度、导电导热性能和比表面积，有望成为新型催化剂载体或促进剂。

Huang 等[67] 制备了 V_2O_5/CNTs 催化剂，在 250℃和空速 30000h^{-1} 时，NO 转化率 90%，V_2O_5/CNTs 催化剂表面 L 酸性位是 NO 催化还原的主要活性位。加入 SO_2 对催化活性有促进作用，反应主要按照 E-R 机理进行。Wang 等[68] 研究 CNTs 负载 Mn 氧化物，发现 CNTs 影响 Mn 氧化物的氧化态，可提高催化活性，80℃时 NO 转化率为 60%。用 CNTs 负载 Mn-Ce 氧化物在 120～180℃和空速 42000h^{-1} 条件下，NO 转化率大于 90%。Chen 等[69] 制备了 CeO_2/CNTs 催化剂，250℃时，NO 转化率约 70%。Zhang 等[70] 制备了 Mn-FeO_x/CNTs 催化剂，在空速 32000h^{-1} 和 140～180℃时，NO 转化率为 80%～100%；制备的 MnO_2-Fe_2O_3-CeO_2-Ce_2O_3/CNTs 催化剂在空速 21000h^{-1} 和 120～180℃时，NO 转化率 73.6%～99.4%。

Wang 等[71] 采用等离子体改性多壁碳纳米管浸渍负载 Mn 氧化物，180～240℃获得很高的 NO 转化率。通过表征发现，多种 Mn 氧化物形式（MnO_2、Mn_3O_4 和 MnO）在催化剂中共存，大多数 Mn 的形式是 MnO_2 和 Mn_3O_4。升高 MnO_2 浓度能提高 Mn 氧化物的分散性，降低 MnO 浓度能够提高催化活性。Li 等[72] 采用多壁碳纳米管等体积浸渍法负载 Mn-Ce 氧化物，210℃时，NO 转化率为 97.9%。Ce 氧化物的加入能改善金属氧化物的分散性，增大比表面积和总孔容，降低平均孔径，增加表面氧浓度，改变 Mn 价态使 MnO_x 以无定型形态存在，提高催化活性。

d. 碳包覆材料

整体式催化剂一般以蜂窝陶瓷载体充当基体，在基体上涂覆涂层制成碳包覆材料能有效增大比表面积，改善表面吸附性能，被广泛应用于催化剂载体，涂覆材料包括酚醛树脂、呋喃和聚乙烯醇等。

Ouzzine 等[73] 研究了碳包覆整体材料负载 Cu 氧化物，研究各制备参数对催化剂性质的影响，在空速 6390h^{-1} 和 181℃时，NO 转化率为 50%。Valdés 等[74] 采用聚合物膜涂覆陶瓷蜂窝，炭化、活化后制成碳包覆蜂窝材料，用浸渍法负载 Mn 氧化物制成催化剂，在空速 4000h^{-1} 和 150℃时，NO 转化率为 73%。将碳包覆蜂窝材料用 HNO_3 氧化，用 NaOH 离子交换，浸渍负载 V 氧化物能提高对 SO_2 中毒抗性，而水对催化活性的抑制作用可逆。Tang 等[75] 用碳包覆堇青石负载 Mn 氧化物，NO_x 转化率 90%，通过掺杂 Ce，100℃时 NO_x 转化率可达 78%，继续添加 Fe 和 V 则能改善催化剂的 SO_2 中毒抗性。

García 等[76] 采用不同比例的呋喃树脂和聚乙二醇混合物涂敷在堇青石表层，700℃碳化热解形成中孔包覆层，再用 CO_2 活化以生成微孔，制成碳包覆堇青石，负载 V 制成催化剂，在空速 $17000h^{-1}$ 和 150℃时，NO 转化率为 78.6%。研究发现，增加聚乙烯比例时，中孔（2～5nm）孔容增加，表面含氧量也增加，提高 V 沉积物分散性和 NO 转化活性，而微孔（<0.7nm）不利于提高催化活性。在催化剂中加入第二种金属，发现 SO_2 的加入对催化剂的促进作用比加入第二种金属的影响大，在 SO_2 浓度 400μg/L 时，催化效率提高 3 倍。200℃时用 SO_2+O_2 混合气对催化剂进行硫酸化处理，NO 转化率提高 2 倍。表征显示，催化剂表面氧钒基附近的碳上形成的硫酸盐提高了催化剂的氧化还原性，对催化活性有促进作用。Boyano 等[77] 研究了用硝酸、过氧化氢和硫酸处理的聚合基活性炭包覆材料负载 V 氧化物催化剂，发现表面氧化处理能提高表面酸性，提高 NO 转化率；而催化剂表面过高的酸性能强化 NH_3 的表面吸附，并且减少反应产物的脱附，过低表面酸性不利于 V 的分散和固化，会降低催化活性。

碳基材料包括活性炭、活性炭纤维、碳纳米管、碳包覆材料等，经过表面处理可作为活性中心或吸附位或作为载体负载 Mn、V、Ce 和 Fe 等金属氧化物，能够获得很好的催化活性。但是碳基催化剂也存在抗硫性和抗氧化性差、温度窗口较窄（<250℃）、活性炭硬度很差、运输过程中易碎等缺点。此外，由于市场上的碳材料品质参差不齐，作为载体的催化剂脱硝效率相差很大，成本也不尽相同，所以想要进一步向工业化推广有一定难度。

2.3.5 AOC 系统设备选型

AOC 也叫 AMOX，就是通常说的氨氧化催化剂。随着国Ⅵ标准的到来，对 SCR 催化剂的转化效率提出更高的要求，同时也意味着需要更高的尿素喷射量，从而容易造成氨逃逸，故需要在 SCR 后端增设 AOC 来有效减少氨逃逸。

根据使用经验，通常情况下 AOC 与 SCR 催化剂共载体分段涂覆，一般涂覆于载体后端。直径与 SCR 催化剂相同，长度以 1in（1in＝2.54cm）或 1.5in 为宜。

2.3.6 风机选型

2.3.6.1 风机分类

风机是广泛应用于国民经济各个行业的一种通用机械，它是对气体压缩和气体输送机械的习惯简称。通常所说的风机包括：通风机、鼓风机、压缩机。

按工作原理分为透平式和容积式。其中透平式又包括离心式、轴流式、混流式；容积式包括回旋式和往复式。

按气体出口压力（或升压）分类如下。

通风机：指其在大气压为 0.1MPa 气温为 20℃ 时，出口全压值低于 0.015MPa。

鼓风机：指其出口压力为 0.115～0.35MPa。

压缩机：指其出口压力大于 0.35MPa。

2.3.6.2 风机主要性能参数

风机的型号、规格千差万别，但是风机本质的不同与区别在于风机的主要性能参数，搞清楚这些性能参数的不同，对于我们了解风机和实现风机设备的选型具有很大帮助作用。风机的主要性能参数包括：流量、压力、气体介质、转速、功率。

（1）流量

风机的流量是用出气流量换算成其进气状态的结果来表示的，通常以 m^3/h、m^3/min 表示。但在进出口压比为 1.03 以下（比如通风机范畴的风机）时，通常将出气流量看作与进气流量相同。在化学工业等领域中，以 m^3/h（常温常压）来表示的情况居多，它是将流量换算成标准状态，即 0℃、0.1MPa 干燥状态。另外有时还以质量 m 按 kg/s 来表示的。

流量亦称为气体量或空气量。将出气流量 $Q_{出}$ 换算成进气流量 $Q_{进}$，可按下列公式计算：

$$Q_{进}=Q_{出}\times\rho_{出}/\rho_{进}$$

式中 $\rho_{出}$——出气气体密度，kg/m^3；

$\rho_{进}$——进气气体密度，kg/m^3。

将标准状态的流量 $Q_{标准}$（m^3/h）换算成进气流量 $Q_{进}$（m^3/h），可按下列公式计算：

$$Q_{进}=Q_{标准}\times p/(p-S\times p_0)\times T/273$$

式中 p——进气气体绝对压力，Pa；

S——相对湿度；

p_0——水蒸气饱和压力，Pa；

T——进气气体热力学温度，K。

（2）压力

为进行正常通风，需要有克服管道阻力的压力，风机则必须产生出这种压力。风机的压力分为静压（$p_{静}$）、动压（$p_{动}$）、全压（$p_{全}$）三种形式。其中，克服前述送风阻力的压力为静压；把气体流动中所需的动能转换成压力的形式为动压。实际中，为实现送风目的，就需要有静压和动压。

静压：为气体对平行于气流的物体表面作用的压力，它是通过垂直于其表面的孔测量出来的。

$$p_{动}=\rho_{气}\times\frac{v^2}{2}$$

$$p_{全}=p_{静}+p_{动}$$

式中 $\rho_{气}$——气体密度，kg/m^3；

v——气体流速，m/s。

全压：是指风机所给定的全压增加量，即风机的出口和进口之间的全压之差。

（3）功率

风机的原动力（通常是电机或柴油机等）传递给风机轴上的功率为风机的轴功率 N。气体流经风机时获得的功率称为有效功率 N_1。两者之差表现为机械损失、容积损失和水力损失。

风机的有效功率 N_1（kW）可以通过下式求得：

$$N_1=\frac{Q\times p_{全}}{3600\times 102}$$

式中 Q——气体流量，m^3/h；

$p_{全}$——全压，kg/m^2。

如果已知风机内效率，则风机的轴功率 N(kW) 为：

$$N=\frac{Q\times p_{全}}{3600\times 102\times \eta}$$

式中 η——内效率。

在选用电机时，还要考虑传动效率和电机储备容量。可根据下式求得所需功率 N_s：

$$N_s=\frac{Q\times p_{全}\times K}{3600\times 102\times \eta\times \eta_{传}}$$

式中 $\eta_{传}$——传动效率，随传动方式而定，一般 A 式直联传动可取 1，D 式联轴器传动可取 0.98，C 式皮带轮传动可取 0.95；

K——电机储备系数，可取 1.1～1.3。

(4) 气体介质及密度

通常我们说的气体介质密度是指在标准状态下，即温度为 0℃，大气压力为 101325Pa。在非标准状态时，可用下列公式计算气体密度：

$$\rho_{非标}=\rho_{标准}\times\frac{273}{273+t}\times\frac{p}{101325}$$

式中 $\rho_{非标}$——非标准状况下气体密度，kg/m^3；

$\rho_{标准}$——标准状况下气体密度，kg/m^3；

p——非标准状况下气体压力，Pa；

t——非标准状况下气体温度，℃。

(5) 性能参数之间的关系

① 主轴转速 n 与流量 Q、压力 p、轴功率 N 的关系

在其他条件相同的状态下，风机的流量 Q 与风机的主轴转速 n 成正比；风机压力 p 与风机的主轴转速 n 的平方成正比；风机的轴功率 N 与风机的主轴转速 n 的立方成正比。

② 气体密度与全压 p、流量 Q、轴功率 N 的关系

其他条件相同的情况下，气体密度变化，风机的流量 Q 不变，气体密度与风机全压 p 和风机的轴功率 N 均成正比。

③ 大气压力与风机的全压 p、流量 Q 和轴功率 N 的关系

其他条件相同的情况下，大气压力变化对风机流量 Q 没有影响，但是与风机的全压 p 和轴功率 N 成正比。

④ 气体温度与风机的全压 p、流量 Q 和轴功率 N 的关系

气体条件相同的情况下，气体温度变化不影响风机的流量。

2.3.6.3 风机选型原则

选用风机时，首先要根据性能参数、用途、工艺要求、使用场合等，选择风机的种类、机型以及结构材质等，力求使风机的额定流量和额定压力接近工艺要求。选型时主要遵循以下几点原则：

a）根据通风机输送气体的物理、化学性质不同，选择不同用途的通风机。如输送爆炸性和易燃气体应选防爆通风机；输送腐蚀性气体应选择防腐通风机。

b）选择离心式通风机时，当其配用的电机功率小于或等于 75kW 时，可不装设仅为启动用的阀门。当排送高温烟气或空气而选择离心锅炉引风机时，应设启动用的阀门，以防冷态运转时造成过载。

c）对有消声要求的通风系统，应首先选择效率高、叶轮圆周转速低的通风机，且使其在最高效率点工作；还应根据通风系统产生的噪声和振动的传播方式，采用相应的消声和减振措施。

d）在选择通风机时，应尽量避免采用通风机并联或串联工作。当不可避免时，应选择同型号、同性能的通风机联合工作。当采用串联时，第一级通风机到第二级通风机之间应有一定的管路连接。

e）所选用的风机应考虑现场安装及安全运行等问题。

2.3.6.4 风机选型步骤

在选择风机时，在遵循以上选型原则的基础上，通常采取如下步骤：

a）选型时，先根据现场条件找到静压；

b）根据风量-静压曲线（图 2-24）找到所需风量；

c）读出轴功率、噪音、转速等参数；

d）查看性能曲线、功率曲线、外形尺寸等是否满足需求；

e）按照轴功率的 1.1 倍，匹配合适的电机；

f）选型完成。

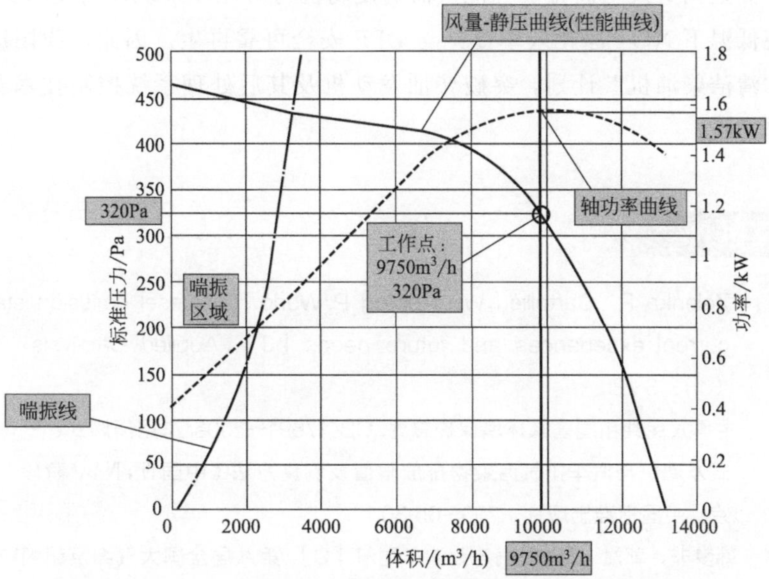

图 2-24 风量-静压曲线图

2.4 ▸▸结论与展望

我国柴油机尾气排放控制相对较晚，但是经过多年的努力，目前我国柴油车尾气污染控制技术也日趋成熟。由于我国国Ⅲ标准及以前柴油车没有安装排放后处理装置，故目前的柴油发动机试车台架尾气排放控制技术主要围绕国Ⅳ、国Ⅴ和国Ⅵ标准展开。

a）目前针对柴油发动机试车台架尾气排放控制国Ⅳ标准主要的技术路线为：EGR＋DPF 或 SCR。其中，DPF 技术路线主要用于轻型柴油发动机污染控制；SCR 技术路线主要用于重型柴油发动机污染控制。

b）目前针对柴油发动机试车台架尾气排放控制国Ⅴ标准的技术路线主要有两条：EGR＋DOC＋DPF 和 DOC＋SCR。

c）国Ⅵ标准对柴油发动机试车台架的污染排放控制带来了巨大挑战，需要将后处理技术进行耦合，对各项后处理技术都提出了更为苛刻的要求。目前针对国Ⅵ标准的主要技术路线有：DOC＋DPF＋SCR＋AOC 和 EGR＋DOC＋DPF＋SCR。通过该组合技术可有效削减排气中的 PM（PN）、NO_x 等主要污染物。

满足国Ⅵ及更高排放标准，需要发动机与后处理系统控制技术交叉融合，实现低温下 NO_x 净化效率提升与 DPF 安全可靠再生。因此，我国应尽快启动“清洁柴油机”计划，突破柴油发动机及其后处理系统控制技术及耦合匹配等短板。

参考文献

[1] Zelenka P，Cartellieri W，Herzog P. Worldwide diesel emission standards，current experiences and future needs［J］. Applied Catalysis，1996，10（1）：3-28.

[2] 中华人民共和国国家环境保护总局. GB 17691—2005. 车用压燃式、气体燃料点燃式发动机与汽车排气污染物排放限值及测量方法（中国Ⅲ，Ⅳ，Ⅴ阶段）［S］. 北京：中国标准出版社，2005-05-30.

[3] 韩梦非，郭斌. 雾霾天气与柴油车尾气［C］//第八届全国大气细及超细粒子技术研讨会暨 PM2.5 源谱交流会论文集，2015.

[4] 林盈. 关于车用柴油机降低油耗和排放关键技术研究［J］. 中国机械，2013，13：119.

[5] 罗礼培，周方平. 涡轮增压技术及发展［J］. 汽车与配件，2012，30（7）：49-51.

[6] 代方方. 用于柴油车尾气净化催化的 Co、Mn 基氧化物催化剂研究［D］. 天津：天津大学，2014.

[7] 张桂臻，韩丽艳，赵震. 柴油车四效催化净化技术研究进展［J］. 现代化工，2008，28（1）：35-38.

[8] 李金洲. 从 Pd 纳米溶胶出发制备三效催化剂 $Pd/Ce_{(0.6)}Zr_{(0.4-x)}M_xO_2$（M= Y，Pr）［D］. 北京：北京工业大学，2013.

[9] 邓晓光. 车用柴油机氧化催化转化器的模拟计算与试验研究［D］. 上海：同济大学，2008.

[10] 张德满，李舜酩，李凯，等. DOC 辅助 DPF 再生方法研究［J］. 机械工程学报，2010，46（24）：107-110.

[11] 龚金科，赖天贵，刘孟祥，等. 柴油机微粒捕集器过滤材料与再生方法分析与研究［J］. 内燃机，2004（3）：1-4.

[12] 赵震，张桂臻，刘坚，等. 柴油机尾气净化催化剂的最新研究进展［J］. 催化学报，2008，29（3）：303-312.

[13] 黄文伟，孟凡生. 柴油发动机尾气后处理技术的发展［J］. 内燃机，2010（4）：1-4.

[14] 沈言谨. 润滑油对柴油发动机颗粒排放物（PM）的影响［J］. 石油商技，2006，

24（2）：86-87.

［15］ 梅一帆. 柴油机缸内润滑油的消耗及其对颗粒物生成影响的研究［D］. 天津：天津大学，2012.

［16］ 毛琳. 润滑油对尾气颗粒污染物的影响［J］. 山东化工，2016，45（7）：143-144.

［17］ 杨挺然. 控制柴油机排放的技术分析［J］. 交通节能与环保，2006（2）：29-31.

［18］ 吴修文，孙玉娟，袁修坤，等. 我国柴油轿车的发展现状及展望［J］. 农业装备与车辆工程，2007（1）：7-9.

［19］ Bergmann M，Kirchner U，Vogt R，et al. On-road and laboratory investigation of low-level PM emissions of a modem diesel particulate filter equipped diesel passenger car［J］. Atmospheric Environment，2009，43（11）：1908-1916.

［20］ 楼狄明，张正兴，谭丕强，等. 柴油机颗粒捕集器再生平衡仿真研究［J］. 内燃机工程，2010，31（4）：39-43.

［21］ An H，Mcginn P J. Catalytic behavior of potassium containing compounds for diesel soot combustion［J］. Applied Catalysis B：Environmental，2006，62（1-2）：46-56.

［22］ 张殿印，王海涛. 除尘设备与运行管理［M］. 北京：冶金工业出版社，2010.

［23］ 许峰，王彤，傅耀. 弯管内小尺度颗粒运动的数值模拟与分析［J］. 兵器装备工程学报，2010，31（2）：74-77.

［24］ 邱益深. 简析静电除尘器的几种新技术应用［J］. 广东科技，2013，22（2）：114-115.

［25］ 吴云，李应红. 等离子体流动控制与点火助燃研究进展［J］，高压电技术，2014（7）：2024-2038.

［26］ 陈棫端，王利敏，郭翠英，等. 低温等离子体技术在洗消中的研究进展［J］. 化学工程师，2012（12）：33-35.

［27］ 吴云，李应红. 等离子体流动控制与点火助燃研究进展［J］，高压电技术，2014（7）：2024-2038.

［28］ Chaauhan B S，Kumar N，Pal S S，et al. Experimental studies on fumigation of ethanol in a small capacity diesel engine［J］. Energy Oxford，2011，36（2）：1030-1038.

［29］ Guan B，He L，Qi C，et al. Removal of NO_x with selective catalytic reduction based on non-thermal plasma preoxidation［J］. Industrial and Engineering Chemistry Research，2011（50）：5401- 5413.

［30］ Mok Y S，Huh Y J. Simultaneous removal of nitrogen oxides and particulate matters from diesel engine exhaust using dielectric barrier discharge and catalysis hybrid system［J］. Plasma Chemistry and Plasma Processing，2005

（6）：625-639.

[31] Kang W S，Lee D H，Lee J O，et al. Combination of plasma with a honeycomb-structured catalyst for automobile exhaust treatment［J］. Environmental science and Technology，2013，47（19）：11358-11362.

[32] 裴梅香，林赫，上官文峰，等. 等离子体在同时去除 NO_x 和碳烟催化反应中的作用［J］. 物理化学学报，2005，21（3）：255-260.

[33] 张洁. 稀土二氧化铈用于机动车尾气 CO 氧化和 NO_x 还原的 DFT+U 研究［D］. 上海：华东理工大学，2014.

[34] 郭秀荣，王鹏. 微米木纤维纹孔对超微粒子稳态捕集效率的模拟［J］. 南京：南京林业大学学报（自然科学版），2014，38（3）：98-102.

[35] 王迎辉. NTP 协同木纤维净化柴油车尾气的理论分析与试验研究［D］. 哈尔滨：东北林业大学，2017.

[36] 严永华. 国六柴油机废气再循环系统开发技术的研究［J］，汽车与新动力，2008，1（4）：92-96.

[37] 贺泓，翁端，资新运. 柴油车尾气排放污染控制技术综述［J］. 环境科学，2007，28（6）：1169-1177.

[38] 李香兰. 纤维增强陶瓷基复合材料的发展及应用［J］. 硅谷，2010（10）：116.

[39] 朱俊. 工程陶瓷基复合材料及其运用［J］. 现代技术陶瓷，2010（2）：19-26.

[40] 付鹏等. 金属基陶瓷复合材料制备技术研究发展与应用［J］. 材料导报网刊，2009，4（4）：8-10.

[41] 梁春群，莫攸. 竹纤维增强环氧树脂复合材料的力学性能研究［J］. 化工技术与开发，2010，39（8）：23-26.

[42] 郭鹏江，高希彦，邵杰. 柴油机微料陶瓷过滤器红外再生和 NO_x 催化还原的试验研究［J］. 小型内燃机与摩托车，2008（06）：7-10.

[43] Peng Y，Chang H，Dai Y. Structural and surface effect of MnO_2 for low temperature selective catalytic reduction of NO with NH_3［J］. Procedia Environmental Sciences，2013（18）：384-390.

[44] Tang X，Li J，Sun L，et al，Origination of N_2O from NO reduction by NH_3 over β-MnO_2 and α-Mn_2O_3［J］. Applied Catalysis B：Environmental，2010，99（1-2）：156-162.

[45] Shen K，Zhang Y，Sun K，et al. Influence of chromium modification on the properties of MnO_x-FeO_x catalysts for the low-temperature selective catalytic reduction of NO by NH_3［J］. Journal of Energy Chemistry，2013，22（4）：617-623.

[46] Xu G，Ma J，He G，et al. An alumina-supported silver catalyst with high water tolerance for H_2 assisted C_3H_6-SCR of NO_x［J］. Applied Catalysis B：Envi-

ronmental，2017，207：60-71.

[47] Lanza R，Eriksson E，Pettersson L J. NO_x selective catalytic reduction over supported metallic catalysts [J]. Catalysis Today，2009，147：279-284.

[48] Peña D A，Uphade B S，Smirniotis P G. TiO_2-supported metal oxide catalysts for low-temperature selective catalytic reduction of NO with NH_3：I. Evaluation and characterization of first row transition metals [J]，Journal of Catalysis，2004，221(2)：421-431.

[49] Ramis G，Yi L，Busca G，et al. Adsorption，activation and oxidation of ammonia over SCR catalysts [J]. Journal of Catalysis，1995，157(2)：523-535.

[50] 李云涛，钟秦. 低温 NH_3-SCR反应机理及动力学研究进展 [J]. 化工进展，2009，21(6)：1094-1100.

[51] Yu Y K，Chen J S，Wang J X，et al. Performances of $CuSO_4/TiO_2$ catalysts in selective catalytic reduction of NO_x by NH_3 [J]. Chinese Journal of Catalysis，2016，37(2)：281-287.

[52] Tang J J，Xu M H，Yu T，et al. Catalytic deactivation mechanism research over Cu/SAPO-34 catalysts for NH_3-SCR (Ⅱ)：the impact of copper loading [J]. Chemical Engineer Science，2017，168：414-422.

[53] Xiang P W，Cao Y，Tian P，et al. Investigation of low-temperature hydrothermal stability of Cu-SAPO-34 for selective catalytic reduction of NO_x with NH_3 [J]. Chinese Journal of Catalysis，2017，38：918-927.

[54] Zhou G，Zhong B，Wang W，et al. In situ DRIFTS study of NO reduction by NH_3 over Fe-Ce-Mn/ZSM-5 catalysts [J]. Catalysis Today，2011，175(1)：157-163.

[55] Song B C，Lv G，Song J，et al. Selective catalytic reduction of nitric oxide with ammonia over zirconium-doped copper/ZSM-5 catalysts [J]. Applied Catalysis B：Environmental，2014，150-151(1)：532-543.

[56] Zhang H，Tang C，Sun C，et al. Direct synthesis，characterization and catalytic performance of bimetallic Fe-Mo-SBA-15 materials in selective catalytic reduction of NO with NH_3 [J]. Microporous and Mesoporous Materials，2012，151：44-55.

[57] Qiu J，Zhuang K，Lu M，et al. The selective catalytic reduction activity of Cu/MCM-41 catalysts prepared by using the Cu^{2+}-MCM-41 mesoporous materials with copper ions in the framework as precursors [J]. Catalysis Communications，2013，31：21-24.

[58] 喻成龙，黄碧纯，杨颖欣. 分子筛应用于低温 NH_3-SCR脱硝催化剂的研究进展

[J]. 华南理工大学学报，2015，(3)：143-150.

[59] Xie G，Liu Z，Zhu Z，et al. Simultaneous removal of SO_2 and NO_x from flue gas using a CuO/Al_2O_3 catalyst sorbent：I. Deactivation of SCR activity by SO_2 at low temperatures [J]. Journal of Catalysis，2004，224：36-41.

[60] Li Q Y，Hou Y Q，Han X J，et al. Selective catalytic reduction of NO with NH_3 over activated carbon impregnated with melamine at low temperature [J]. Journal of Fuel Chemistry and Technology，2014，42(4)：487-493.

[61] Izquierdo M T，Rubio B，de Yuso A M，et al. Enhancement of nitric oxide removal by ammonia on a low-rank coal based carbon by sulphuric acid treatment [J]. Fuel Processing Technology，2011，92(7)：1362-1367.

[62] Guo Q，Jing W，Hou Y，et al. On the nature of oxygen groups for NH_3-SCR of NO over carbon at low temperatures [J]. Chemical Engineering Journal，2015，270：41-49.

[63] Yoshikawa M，Yasutake A，Mochida I. Low-temperature selective catalytic reduction of NO_x by metal oxides supported on active carbon fibers [J]. Applied Catalysis A：General，1998，173：239-245.

[64] Huang H，Ye D，Huang B，et al. Vanadium supported on viscose-based activated carbon fibers modified by oxygen plasma for the SCR of NO [J]. Catalysis Today，2008，139：100-108.

[65] Marbán G，Fuertes A B. Low-temperature SCR of NO_x with NH_3 over Nomex™ rejects-based activated carbon fibre composite-supported manganese oxides：Part Ⅱ. Effect of procedures for impregnation and active phase formation [J]. Applied Catalysis B：Environmental，2001，34(1)：55-71.

[66] Zhu L，Huang B，Wang W，et al. Low-temperature SCR of NO with NH_3 over CeO_2 supported on modified activated carbon fibers [J]. Catalysis Communications，2011，12(6)：394-398.

[67] Huang B，Huang R，Ye J D. Low temperature SCR of NO with NH_3 over carbon nanotubes supported vanadium oxides [J]. Catalysis Today，2007，126(3-4)：279-283.

[68] Wang X，Zheng Y，Liu X，et al. Low-temperature selective catalytic reduction of NO over MnO_x/CNTs catalysts [J]. Catalysis Communications，2014，50：34-37.

[69] Chen X，Gao S，Wang H，et al. Selective catalytic reduction of NO over carbon nanotubes supported CeO_2 [J]. Catalysis Communications，2011，14(1)：1-5.

[70] Zhang Y，Zheng Y，Wang X，et al. Preparation of Mn-FeO_x/CNTs catalysts

by redox co-precipitation and application in low-temperature NO reduction with NH_3 [J] . Catalysis Communications，2015，62：57-61.

[71] Wang L，Huang B，Su Y，et al. Manganese oxides supported on multi-walled carbon nanotubes for selective catalytic reduction of NO with NH_3：Catalytic activity and characterization [J] . Chemical Engineering Journal，2012，192：232-241.

[72] Li L，Wang L，Pan S，et al. Effects of cerium on the selective catalytic reduction activity and structural properties of manganese oxides supported on multi-walled carbon nanotubes catalysts [J] . Chinese Journal of Catalysis，2013，34 (6)：1087-1097.

[73] Ouzzine M，Cifredo G A，Gatica J M，et al. Original carbon-based honeycomb monoliths as support of Cu or Mn catalysts for low-temperature SCR of NO：Effects of preparation variables [J] . Applied Catalysis A：General，2008，342 (1-2)：150-158.

[74] Valdé s-Solis T，Marbán G，Fuertes A B. Low-temperature SCR of NO_x with NH_3 over carbon-ceramic cellular monolith-supported manganese oxides [J] . Catalysis Today 2001，69 (1-4)：259-264.

[75] Tang X L，Hao J M，Yi H H，et al. Low-temperature SCR of NO with NH_3 over AC/C supported manganese-based monolithic catalysts [J] . Catalysis Today，2007，126 (3-4)：406-411.

[76] García-Bordejé E，Calvillo L，Lázaro M J，et al. Vanadium supported on carbon-coated monoliths for the SCR of NO at low temperature：effect of pore structure [J] . Applied Catalysis B：Environmental，2004，50 (4)：235-242.

[77] Boyano A，Iritia M C，Malpartida I，et al. Vanadium-loaded carbon-based monoliths for on-board NO reduction：Influence of nature and concentration of the oxidation agent on activity [J] . Catalysis Today，2008，137 (2-4)：222-227.

第3章

柴油发动机尾气治理系统易出现的问题及防治措施

本章主要介绍了柴油发动机试车台架尾气治理过程中各个系统出现的问题以及治理措施，对可能引起各个系统出现故障的原因进行了分析，并对相应故障提出了防治措施。

3.1 ▸▸引言

2018 年 6 月 28 日，生态环境部发表了“关于发布国家污染物排放标准《重型柴油车污染物排放限值及测量方法（中国第六阶段）》的公告”。该标准规定：“2021 年 7 月 1 日起，所有生产、进口、销售和登记注册的重型柴油车应符合本标准要求。”即在 2021 年 7 月 1 日，全国的重型柴油车将全部实行国Ⅵ排放标准。

相比国Ⅴ标准，国Ⅵ标准中进一步控制重型柴油车主要污染物 PM 和 NO_x 的排放，PM 排放限值从 0.03g/(kW・h) 降到 0.01g/(kW・h)，降幅为 66.7%；NO_x 排放限值从 2.8g/(kW・h) 降为 0.46g/(kW・h)，降幅高达 83.6%，同时增加了颗粒物粒子数（particle number，PN）限值要求。

为了满足严格的国Ⅵ排放标准，单一的处理技术（如 EGR、DOC、DPF、SCR 等）简单叠加结果已经无法满足国Ⅵ的环保标准。因此需要对各种后处理技术进行优化耦合，将排放控制在法规限值内。通常需要采用更加先进的技术，如采用先进的废气再循环（EGR）技术，包括高/低压 EGR 系统[1]；采用氧化催化器（DOC）＋颗粒捕集器（DPF）＋选择性催化还原（SCR）＋氨氧化催化器（AOC）先进后处理技术等。此外，由于柴油发动机试车台架的后处理空间有限，在兼顾燃油经济性和使用寿命的同时，确保各系统高效稳定运行，需要对各系统进行合理布置和维护，避免尾气治理系统出现故障。

本章节将主要围绕柴油发动机试车台架尾气治理系统中易出现的问题及相应的解决措施展开讨论。

3.2 尾气治理系统易出现的问题及解决措施

3.2.1 EGR系统问题解析及防治措施

在 EGR 系统中，最常见的问题为积炭堵塞，该问题会直接导致冷却效率和冷却功率下降，导致 NO_x 排放超标。从前文的介绍中可知，EGR 系统核心组成部分为 EGR 阀，EGR 阀又包括冷端 EGR 阀和热端 EGR 阀。其中，冷端 EGR 阀更容易产生积炭，通常发生在 EGR 冷却器的开发和使用过程中，是整个 EGR 系统最严重的问题。

EGR 冷却器的积炭机理是：EGR 废气中含有烃类化合物（C_xH_y）和碳烟颗粒，经过冷却器冷却后，C_xH_y 沉积在 EGR 冷却器散热片表层相对废气温度较低的壁面上，碳烟颗粒沉积在 C_xH_y 层上面，在 EGR 冷却器内气体流动和散热管中紊流和热泳共同作用影响下，C_xH_y 层和碳烟颗粒层继续被压紧，另外废气中的 H_2O、H_2SO_4 和 C_xH_y 等受到冷却/扩散和吸收作用的影响，继续结胶在原来已有的沉积物上，不断加厚直至堵塞[2]。

3.2.1.1 积炭堵塞产生原因

在试车系统正常运行时，排放的废气温度较高，为确保后续尾气处理工艺稳定运行，高温废气需要经过 EGR 冷却器冷却后再通过冷端 EGR 阀进入进气管与新鲜空气混合。在冷却过程中，废气中的污染物（如干炭等）易沉积在冷却器和 EGR 阀处，进而导致积炭堵塞。

3.2.1.2 积炭堵塞防治措施

目前防止 EGR 冷却器积炭堵塞的有效技术主要有以下两种。

① 从工艺开发源头预防，通过模拟优化设计匹配合理的 EGR 冷却器散热功率，避免因 EGR 冷却后的温度过低而产生积炭；

② 当 EGR 系统正常运行时，由于 EGR 冷却器带旁通阀，当遇到低温环境时，可将旁通阀打开，使 EGR 废气不经过冷却器冷却，进而减少积炭产生。

当 EGR 系统已经产生积炭堵塞现象时，通常采用卸下 EGR 阀定期清洗的方式来恢复 EGR 的功能，积炭严重时可更换新的 EGR 阀。

3.2.2 DOC 系统问题解析及防治措施

DOC 系统主要由壳体、减振层、载体及催化剂组成，其中催化剂是整个系统的核心部分。DOC 系统的工作通常需要二次空气喷射装置提供氧化反应所需的氧气来配合完成。受 DOC 前后排气温度和排气背压的影响，如果操作不当，会造成催化剂失效。催化剂失效主要由催化剂失活以及载体堵塞引起，会直接导致整个 DOC 系统失效，使得 CO 和 C_xH_y 排放超标，是 DOC 系统中最严重的问题。

3.2.2.1 催化剂失效原因

目前，造成 DOC 催化剂失效的原因有很多，主要包括以下三种。

(1) 温度过高

由于常温下 DOC 催化剂不具备催化能力，因此需要加热到一定温度才能激活其氧化或还原能力。通常情况下，DOC 系统的起燃温度为 250～350℃，正常工作时温度一般为 350～700℃。然而，DOC 系统工作时会产生大量的热量，导致系统温度升高，最高可达 850～1000℃。当温度超过催化剂的最高承受温度极限时，会导致涂层的催化剂脱落，载体碎裂。

(2) 慢性中毒

DOC 系统通常以铂（Pt）、钯（Pd）、铑（Rh）等贵金属作为催化剂，而上述贵金属对硫、磷、锌等元素非常敏感，硫来自柴油，磷和锌来自润滑油。这些物质及它们在发动机中燃烧后形成氧化物颗粒易被吸附在催化剂的表面，导致催化剂中毒，使催化剂无法与发动机排放的污染物接触，从而失去催化作用[3]。

（3）表面积炭

在试车系统中，由于发动机试车时间较短且排气量小，因此初始排烟温度较低。当长期工作于低温状态时，DOC 系统无法正常启动，发动机排出的碳烟及颗粒物会附着在催化剂的表面，造成表面积炭，长期积累下来，会导致载体的孔隙堵塞，影响其转化效能。

3.2.2.2　催化剂失效防治措施

目前，根据不同的失效原因可采取相应的预防措施来避免催化剂失效，主要可分为以下三种。

① 针对高温引起的失效，可以有效控制造成排气温度升高的各种因素，如点火时间过迟或点火次序错乱、断火等，这都会使未燃烧的混合气进入 DOC 系统，造成排气温度过高，影响催化转化器的效能。

② 针对中毒引起的失效，可以采取对燃料预净化或采用更高品质的柴油来减少含硫量，以及减少润滑油使用的措施来有效降低有害元素对 DOC 催化剂的影响。

③ 针对表面积炭引起的失效，可以采取提高负荷或延长试车时间的措施来提高排烟温度，进而较少积炭。当积炭严重导致催化剂彻底失效时，可采取催化剂再生或更换新催化剂等措施。

3.2.3　DPF 系统问题解析及防治措施

DPF 是安装在柴油发动机排放系统中的陶瓷过滤器，主要由壳体、滤芯组成，其中滤芯是整个 DPF 的核心。通常情况下，DPF 只起到过滤 PM 的作用，而不能清除颗粒污染物。因此，当滤芯吸附饱和时，不仅会发生滤芯堵塞，还会导致 DPF 载体的烧损、裂解和失效，进而引发柴油发动机背压急剧上升，影响换气和燃烧效率，降低性能[4,5]。

3.2.3.1　DPF 失效原因

目前，DPF 失效主要是由 DPF 滤芯内的 PM 不断积累，滤芯吸附饱和而导致的。此外，在使用过程中，由于操作不当引起的振动和冲击也会造成 DPF 破损、断裂，严重时会导致 DPF 过滤效率降低，PM 排放超标[6]。

3.2.3.2 DPF 防治措施

目前，对于 DPF 失效最有效的措施是 DPF 再生技术，DPF 再生有主动再生和被动再生两种方法。

（1）主动再生技术

主动再生指的是通过外加能量提高气流温度到微粒的起燃温度（500～600℃）使滤芯内吸附的微粒着火燃烧，进而达到再生目的。通常情况下，当 DPF 的温度达到 550℃时，沉积的颗粒物就会氧化燃烧；当温度达不到 550℃，过多的沉积物就会堵塞捕捉器，这时就需要利用外加能源（例如电加热器，燃烧器或改变发动机操作条件）来提高 DPF 内的温度，使颗粒物氧化燃烧。目前最常见的外加能量再生控制系统有：喷油助燃再生系统、微波加热再生系统、电加热再生系统、逆向喷气再生系统以及红外加热再生系统等。

（2）被动再生技术

被动再生指的是利用燃油添加剂或者催化剂来降低微粒的着火温度，使微粒能在正常的柴油机排气温度下着火燃烧。其中，添加剂（如有铈、铁和锶）要以一定的比例加到燃油中，添加剂过多会影响 DPF 的寿命，但是如果过少，就会导致再生延迟或再生温度升高。贵金属（Pd、Pt 等）、金属盐、金属氧化物及稀土复合金属氧化物等催化剂对降低柴油机碳烟微粒的起燃温度和转化有害气体均有很大的作用，但为防止催化剂中毒，必须使用无硫柴油。通常催化剂的使用方法有两种，一种是在过滤体滤芯表面浸渍催化剂，另一种是以添加剂的形式加入燃油中。

3.2.4 SCR 系统问题解析及防治措施

SCR 系统是整个柴油发动机试车后处理系统的核心，该系统由尿素存储和喷射系统、尿素加热系统、SCR 催化器以及传感器系统组成，具体组成及功能如表 3-1 所示。

SCR 系统复杂，因此导致系统失效的因素很多。最常见的问题主要有传感器故障、尿素系统故障以及 SCR 系统故障，下文将围绕各部分展开具体描述。

表 3-1 SCR 系统组成及功能

系统组成	功能
尿素控制单元(DCU)	读取发动机和 SCR 系统中传感器数据,实现控制尿素喷射和自诊断功能
尿素泵	抽取和输送尿素溶液,并保持一定压力
喷枪和喷嘴	雾化和喷射尿素溶液
尿素箱	存储尿素溶液
尿素加热系统	加热尿素溶液,使其分解
SCR 催化器	进行 NO_x 还原反应
SCR 前后温度传感器	测试催化剂前后温度
环境温度传感器	检测环境温度
NO_x 传感器	提供故障诊断数据
液位传感器	监测尿素储罐液位

3.2.4.1 传感器系统问题解析

(1) 传感器故障原因

SCR 系统中除了尿素计量泵内的传感器外，还有催化器上、下游温度传感器，液位传感器以及 NO_x 传感器。在柴油机试车系统正常运行时，由于各类型传感器的量程都是确定的，因此一旦检测发现传感器输出的信号不在确定的量程范围内，则系统控制器就会判断出传感器发生了超量程故障。一般来说，造成传感器故障的原因有三个：

① 传感器的电路发生开路或短路而出现故障；

② 传感器的检测值大于量程而造成传感器失效；

③ 根据实际信息而出现的传感器信号合理性故障。

(2) 传感器故障防治措施

由于传感器故障原因多样，因此在处理故障问题时需要通过一系列措施来预判传感器故障原因。

故障原因排查：首先检查发生故障的传感器的电控系统，确定传感器的电路连接无误。其次，检测 A/D 转换传感器的电压信号，当信号显示值在 0V 时，系统控制器就可以判断传感器电路发生了短路故障；而当信号显示值为最大量程时，则可以判断传感器电路发生了开路故障；如果传感器的输出值是在量程范围内，但是根据柴油机实际的运行情况以及其他传感器输出的信号值确定，传感器的输出值在实际情况中是错误的，那么就说明传感器出现了信号合理性故障。

当确定传感器发生了电路故障后，采用万用表进一步检查传感器电路，确定故障点。一般来说，确定发生电路故障的线性电阻传感器的故障点，可以用以下三种方法进行[7]：

① 对传感器故障点的电阻值进行测量，判断该处是否发生了电路开路或者短路的现象，同时，还可以测量与传感器相连接的导线中的电阻值是否在合理范围内，以此判断传感器是否有开路或短路的情况发生。

② 对端电压或者电阻值进行测量，确定传感器是否处于正常工作状态。

③ 当发动试车台架机处于冷机状态中时，通过对比 SCR 上、下游温度传感器电阻值来判断其是否存在异常情况。

当确定好故障点具体位置和原因后，通过对电路系统适当优化调整即可解决。当传感器因超量程导致失效时，可更换新的传感器，确保系统正常稳定运行。

3.2.4.2 尿素系统问题解析

尿素系统最常见的问题为尿素喷射异常，具体表现有：尿素泵不工作；尿素泵工作但不喷尿素。

(1) 尿素喷射异常原因

尿素喷射异常的原因很多，主要可以分为以下几点：

① SCR 反应器排烟温度未达到尿素泵设定的喷射温度；

② 尿素喷射系统管路连接问题或管路堵塞；

③ 尿素结晶导致喷嘴堵塞；

④ 计量泵损坏。

(2) 尿素喷射异常防治措施

当柴油发动机试车台架 SCR 系统尿素喷射异常时，首先应当判断尿素计量泵或者喷嘴是否发生故障。条件允许的情况下，可以用专业的诊断工具对系统中尿素喷射相关零部件的运行数据进行检测，判断其是否存在异常。如果反馈得到的数据中出现尿素计量泵的压力无法达到正常值，或者长时间处于排空状态，无法进入喷射工作状态，那么就可以判定尿素计量泵发生了故障。在无法使用故障专用诊断工具进行诊断时，可以将试车台架上的柴油发动机置于扭矩点转速下运行，然后实施如下步骤分段排查：

① 检查柴油发动机 SCR 后处理系统是否处于供电正常状态，排除线路故障；

② 检查 SCR 催化器上游的排气温度是否达到设定的喷射温度，特殊情况下可以调整设定温度；

③ 检查尿素罐中的尿素溶液是否充足，各个管路是否连接正确以及管路是否存在堵塞现象；

④ 检查尿素喷嘴是否堵塞或者是否存在损坏情况。

若 SCR 后处理系统和电子控制单元（ECU）之间的通信正常，检查时，尿素计量泵与喷嘴的连接处仍没有尿素正常喷出，则表示尿素计量泵发生故障。若经过以上检查发现计量泵正常，其与喷嘴间的连接管路也没有问题，那么就表示喷嘴出现故障。

当发生喷嘴堵塞时，对于机械喷嘴可以通过及时清理干净堵塞的喷孔就能够消除故障，而对于电控喷嘴则需要更换新的喷嘴[8]。当发生计量泵故障时，一般采取更换新的计量泵来消除故障。

3.2.4.3 SCR 催化器问题解析

SCR 催化器系统主要由载体、催化剂及其封装部分组成。其中催化剂是 SCR 系统的核心组成部分，最常见的问题是催化剂失活。

（1）催化剂失活原因

在试车系统中，催化剂失活原因主要有：高温烧结和催化剂中毒。

高温烧结：由于发动机采用压燃技术，气缸压缩比高，从而使气缸内的燃烧温度较高，最高可达 550℃。同时，对于高速发动机，气缸内各种物质在高温环境下的停留时间也较长，会使高温持续时间较长。因此，会导致 SCR 催化剂因高温烧结而失活。高温烧结是脱硝催化剂失活的重要原因之一，且该过程是不可逆的。烧结导致催化剂活性降低，一般在烟气温度高于 400℃时，烧结就开始发生。按照常规催化剂的设计，当烟气温度低于 420℃，催化剂的烧结速度处于可以接受的范围。当烟气温度超过 500℃时，TiO_2 开始发生相变，从锐钛矿晶型向金红石晶型转化[9]。烧结引起催化剂结构上的变化导致 SCR 脱硝反应的温度范围变窄，并向低温方向发生移动；当温度大于 400℃时会伴随着催化剂选择性降低以及 SO_2 氧化率升高等问题。而当烟气温度达到690℃时，活性组分 V_2O_5 会逐渐熔化，导致催化剂坍塌，彻底失活。

催化剂中毒：由于发动机尾气中会含有 SO_2 和 $H_2O(g)$ 等，上述反应气氛会导致催化剂因中毒而失活。研究表明，水蒸气对于催化剂失活的影响是可逆的。水蒸气一方面会与 NH_3 竞争吸附活性位点，导致对 NH_3 的吸附量降低，影响脱硝活性；另一方面水蒸气会使得可溶性碱金属盐更容易停留在催化剂表面，使得中毒加剧，被认为是催化剂水中毒的主要原因[10]。另外水蒸气也会影响催化剂表面羟基的形成，导致催化剂对 NH_3 的吸附能力降低，从而降低脱硝性能。

对 SO_2 而言，SO_2 对于碳基载体催化剂不但没有毒害作用，反而能够提高脱硝性能。低浓度的 SO_2 对于催化剂的影响较小，高浓度的 SO_2 中毒是不可逆的。研究结果表明，SO_2 会与 NO 竞争吸附位点，与 NH_3 生成硫酸铵盐，覆盖在催化剂表面，堵塞催化剂孔道，降低催化剂比表面积与孔容，且 SO_2 破坏催化剂表面活性位点[11]；但 SO_2 会酸化催化剂表面酸性位点，同时使得催化剂对 NH_3 的吸附增强[10]。

当 $H_2O(g)$ 和 SO_2 共存时，$H_2O(g)$ 会弱化 SO_2 的毒化作用。进一步研究发现，O_2 的浓度能影响催化剂 SO_2 钝化后的再生能力。在240℃，1.0%的 O_2 浓度下，当表面硫原子浓度达1.34%就会引起催化剂中毒，当氧浓度在5%时，中毒催化剂可以再生。对催化剂 SO_2 中毒过程研究发现，NO_2 可以和催化剂表面的铵根离子反应，生成具有强还原能力的 NH_x $(x<3)$，在铜离子和铈离子的协同下，能促进硫酸铵的低温分解，能有效抑制催化剂 SO_2 中毒[12]。

(2) 催化剂失活防治措施

目前，根据不同的失活原因可采取相应的预防措施来避免催化剂失效，主要可分为以下两种：

① 针对高温烧结引起的失活：可以有效控制造成排气温度升高的各种因素，同时采用混入冷风的方式实现烟气降温，确保烟温达到催化剂最佳使用温度范围（300～420℃）。

② 针对催化剂中毒而引起的失活：基于催化剂的失效机理，可知去除催化剂孔道和表面的化学毒物，恢复催化剂的孔结构、表面酸性和活性物种的氧化还原性质，进而重新恢复催化剂初始的物理和化学特性是脱硝催化剂再生的关键。采用催化剂再生的方式不仅可以恢复催化剂的活性，节约催化剂

成本，同时可以有效减少固废，经济环保。

目前，对于脱硝催化剂的再生方案主要采取以下几种方式：

① 利用高压气体清灰处理催化剂孔道的灰分，并用去离子水清洗可去除表面的污染物；

② 利用表面活性剂超声鼓泡处理，去除堵塞在催化剂微孔中的有毒成分；

③ 使用酸溶液（如 H_2SO_4/HNO_3）超声鼓泡处理，去除催化剂中的碱金属等，并补充一定量因失效丧失的 Brϕnsted 酸性位点；

④ 配制含有催化剂活性组分的特定浓度的混合溶液浸渍催化剂，补充流失的有效成分；

⑤ 干燥煅烧催化剂，重构其结构、比表面积，并恢复催化剂高分散多聚态氧化物所提供的酸性位点和活性位点。工艺流程如图 3-1 所示。

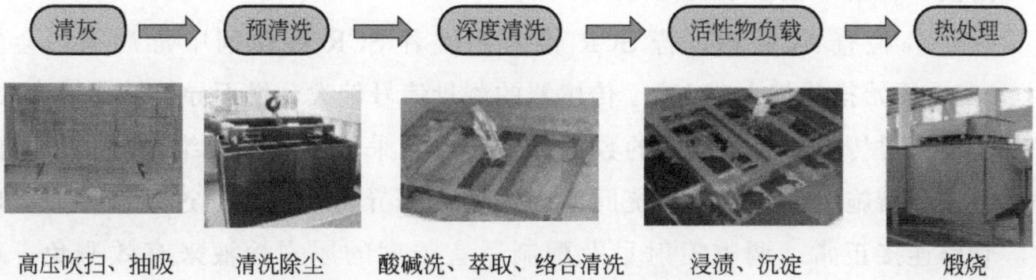

图 3-1 SCR 催化剂再生工艺流程图

3.2.4.4 NO_x 监测系统问题解析

NO_x 监测系统主要设备为 NO_x 传感器，该传感器可提供故障诊断数据，反馈给控制系统。在该系统中常见的问题主要为 NO_x 数据异常。

（1）NO_x 数据异常原因

NO_x 数据异常主要表现为 NO_x 数据偏高或偏低，以及无数据显示。主要原因为如下几点：

① NO_x 传感器发生故障导致测量失真，不显示数据或数据异常。

② 尿素计量泵不能正常工作、喷嘴不喷尿素或者是雾化不良，以及尿素计量泵及尿素管路堵塞等。

③ 催化剂失活导致脱硝效率降低，NO_x 测量值偏低。

(2) NO_x 数据异常防治措施

针对 NO_x 数据异常现场，首先需采取相应措施排查故障具体原因，通常采用的排查方法如下：

① 检查 NO_x 传感器和排气管，检查 NO_x 传感器是否正常工作，排气管是否连接正确，排除 NO_x 故障等因素。

② 检查尿素喷射量是否符合 SCR 系统要求，因为尿素喷射量低会导致参加反应的 NH_3 量少，从而导致 NO_x 转化效率低。

③ 检查尿素泵建立的压力，观察尿素管路是否有泄漏，一般尿素喷射量通过占空比控制，尿素压力低会导致喷射量偏小，从而导致 NO_x 转化效率低。

④ 检查尿素溶液浓度是否合格，是否存在过多杂质，是否存在结晶，若溶液不合格，也会导致转化效率低。

⑤ 检查 SCR 箱，若 SCR 箱老化或者 SCR 催化剂中毒严重，会导致 NO_x 原始排放偏大或 NO_x 传感器的测量信号偏大，继而导致转化效率故障。

针对传感器故障导致的数据异常，可以采取对传感器维修或更换新的传感器等措施；针对尿素系统问题引起的数据异常，可以通过系统检查，确保管路连接正常，调整喷射量及配制适宜浓度的尿素溶液来有效避免；对于 SCR 催化器系统问题，可以通过更换催化器以及催化剂再生等方式来克服数据异常的问题。

3.3 本章小结

本章围绕发动机试车台架尾气处理系统中的常见问题、产生原因展开了系统讨论，并结合多年来柴油发动机尾气处理项目的经验针对各种问题的预防措施进行了适当描述，旨在为相关领域的从业人员提供一定的借鉴和指导意见。

参考文献

[1] Schatz N，Wiebicke U，陈丽丽，等. 效率最高的重型卡车发动机——MAN 新一代 15. 2L 柴油机［J］. 国外内燃机，2016，48（5）：13-19.

[2] 严永华. 国六柴油机废气再循环系统开发技术的研究［J］. 汽车与新动力，2018，(4)：92-96.

[3] 张德满，李舜酩，李凯，等. DOC 辅助 DPF 再生方法研究［J］. 机械工程学报，2010，46(24)：107-110.

[4] 胡俊，孙平，梅德清，等. 颗粒捕集器捕集效率及对柴油机性能影响的研究［J］. 机械设计与制造，2013(6)：134-136.

[5] 伏军，龚金科，袁文华，等. Pyrologicalcharacteristies of bumer-type diesel particulate filter for regeneration ［J］. 农业工程学报，2012，28(20)：58-66.

[6] 冯川. 柴油机 SCR 故障诊断系统设计［J］. 滨州学院学报，2018，34(4)：62-68.

[7] 陆超. 柴油机 SCR 系统的故障诊断与排除［J］. 昆明冶金高等专科学校学报，2017，33(5)：39-42，62.

[8] 商学松，陈进生，赵金平，等. SCR 脱硝催化剂失活及其原因研究［J］. 燃料化学学报，2011，39(6)：465-471.

[9] Wang L X，Performance impact andpoisoning mechanism of arsenic over commercial V_2O_5-WO_3/TiO_2［J］. Catalysis Communications，2015(72)：121-126.

[10] Ma Z，Wu X，Feng Y，et al. Low-temperature SCR activity and SO_2 deactivation mechanism of Ce-modified V_2O_5-WO_3/TiO_2 catalyst［J］. Progress in Natural Science：Materials International，2015(25):342-352.

[11] 杨瀚. 铁铈复合催化剂低温 SCR 脱硝性能、碱金属中毒机理及成型制备研究［D］. 南京：东南大学，2016.

[12] 金军平. 柴油机 SCR 后处理系统原理及常见故障诊断［J］. 工程机械与维修，2015(12)：58-60.

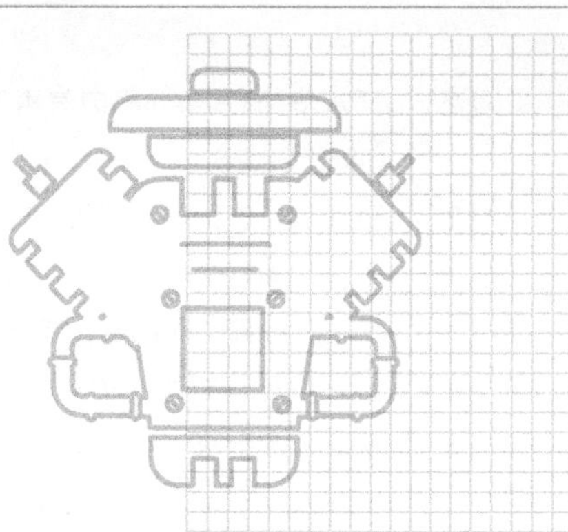

第4章 试车台架尾气治理典型实例

本章主要介绍了潍柴动力二号厂与博杜安项目的具体实例，对项目的整体概况、需要达到的排放目标以及技术方案进行介绍，重点是对尾气治理系统中各设备的功能选型以及运行维护进行详细分析。

4.1 潍柴动力二号厂实例

4.1.1 项目概述

4.1.1.1 总体概述

潍柴动力股份有限公司作为柴油发动机行业领军企业，在国内率先开展试车台架尾气治理工作，树立企业标杆形象，充分满足当地政府相关环保要求。公司为响应国家保卫蓝天工程计划，根据发动机试车行业“十三五”期间对污染物减排整体部署和要求，拟对二号厂柴油试车生产线产生的 NO_x 采用 SCR 技术进行脱硝处理，使柴油发动机生产过程中的尾气达标排放。

为了保护工厂周围的生产、生活环境，并使柴油发动机试车尾气经过脱硝脱硫技术处理后，排放浓度达到国家和地方环保标准，进一步改善地区环境质量，北京水木清源环保科技有限公司对潍柴动力股份有限公司二号厂 28 台试车台架柴油发动机尾气进行脱硝脱硫及除油污颗粒物等处理。

本方案根据甲方要求，28 台试车台架发动机尾气（烟气）治理工程采用选择性催化还原法（selective catalytic reduction，简称 SCR）脱硝＋湿式碱法（flue gas desulfurization，简称 FGD）工艺脱硫。烟气进行集中收烟、分组处理，东、西各 14 个座台分别进行脱硫脱硝。其中，设置两套反应器和脱硫塔，两台脱硝反应器分别位于东、西两侧试车车间二楼；两座脱硫塔中南塔处理试车车间西侧烟气，北塔处理东侧烟气，两套设备共用一套还原剂供应系统。本项目方案系统使排放烟气中氮氧化物不高于 100mg/m^3，硫氧化物不高于 50mg/m^3，颗粒物不高于 30mg/m^3。28 台试车台架脱硝脱硫系统的设计、制造、安装、调试、试运行等应符合国家、行业、地方的相关标准和规范。

潍柴动力二号厂试车烟气治理工程填补了柴油发动机试车台架尾气治理行业的空白，开创了国内该领域先河。方案综合考虑各项技术难点，具有很大的专业挑战性和实际借鉴意义。

4.1.1.2 工况简介

(1) 试车台架

试车车间有 28 个型号相同的试车台架，单台柴油发动机具体型号为 WP12 系列，其排量为 11.596L，缸径为 126mm，行程为 155mm，转速为 1900r/min，机型如图 4-1 所示。

图 4-1 发动机机型图

(2) 试车燃料

本项目所有发动机试车台架均采用由中国石化提供的国标 0＃、10＃燃油，对燃料进行理化性质分析，燃料主要理化指标参数如表 4-1 所示。

表 4-1 燃料主要理化指标参数

参数	0＃柴油	10＃柴油
密度(20℃)/(kg/m^3)	846	851
十六烷值	53.8	46.2
50％馏出温度/℃	300.2	279.8
90％馏出温度/℃	355.3	335.2
95％馏出温度/℃	364.8	365.1
运动黏度(20℃)/mm^2	4.7	3.5
灰分/％	0.011	0.005
硫含量/％	0.08	0.21
闪点(闭口)/℃	55.1	65.2

(3) 现场工作条件

电源电压：三相五线制 (380±38)V；频率 (50±1)Hz；

压缩空气：压力 0.4～0.6MPa；

环境温度：15～35℃。

(4) 环境条件

① 安装位置

系统所涉及的气动阀门、颗粒捕集器、加热器、SCR 反应器系统、PLC 控制系统等在室内布置，风机、脱硫塔系统在室外露天布置。

② 气象条件

为保证室外设备的安全使用，对项目现场的气象条件进行统计，具体参数如表 4-2 所示。

表 4-2 气象条件设计参数表

项目	数值
多年平均气温	22.2℃
极端最高气温	52℃
极端最低气温	－15℃
多年平均气压	100.35kPa
多年年平均降水量	645.2mm
多年一日最大降水量	276.9mm

续表

项目	数值
年均主导风向	东北
历年平均风速	7.5m/s
基本风压	0.90kN/m^2
基本雪压	0.45kN/m^2
地震基本烈度	7度

4.1.1.3　工况分析

(1) 燃料燃烧产物分析

试车采用中国石化供给的国标0＃和10＃燃油。其中，国标0＃主要在5～10月份（夏秋季）使用，国标10＃主要在1～4月份及11、12月份（春冬季）使用。在烟气处理的75％BMCR运行工况下，0＃柴油燃烧产物成分如表4-3所示。

表4-3　0＃柴油燃烧产物成分表

污染物成分	数值
O_2	14.1％
N_2	76.3％
CO_2	4.2％
NO_x	1480μg/mL
SO_2	600μg/mL
CO	60μg/mL
烃类化合物	175μg/mL
PM	125mg/m^3

(2) 排烟温度分析

车间现有28个试车座台，运行300天，每天18h制，单台发动机试车20min内尾气温度曲线图（以30s为一记录点，30s/次）如图4-2所示。

由温度曲线图可知：发动机试车台架尾气温度范围为35～495℃，其中，

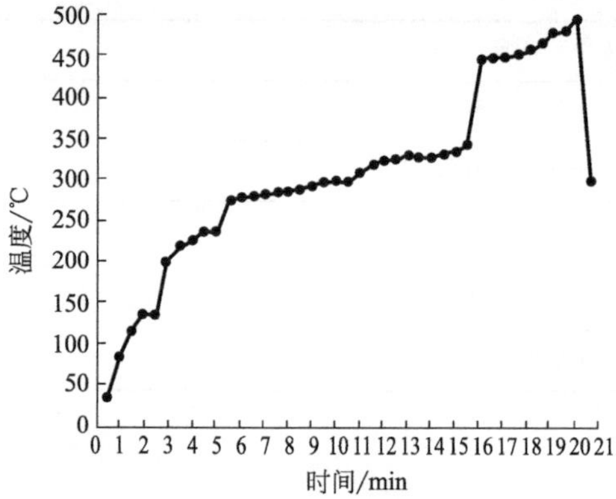

图 4-2 单台发动机试车台架尾气温度曲线图

初始阶段 10min 内，排气温度低于 300℃；随着负荷增大，温度逐渐升高，最高可达 495℃，试车结束后温度迅速下降，主要归因于两个方面：a. 重型柴油机多使用增压中冷技术，因此，正常工作期间燃烧室内的空气含量（或含氧量）是充足的。而潍柴柴油发动机采用压燃技术，因此气缸压缩比高（柴油发动机的压缩比一般在 17～18 左右），从而使气缸内的燃烧温度较高；b. 通常情况下，柴油发动机的转速一般比较低，而潍柴柴油发动机最高转速 1900r/min，属于高速发动机，因此气缸内各种物质在高温环境下的停留时间也较长。

在初始阶段，烟气由于管道散热及冷风混入损失热量后，此阶段温度不能满足 SCR 处理工艺对烟气温度需求，故需要增设加热系统。

(3) 试车柴油机尾气排放趋势分析

由于试车尾气中 NO_x 的波动较大，导致 SCR 精准设计困难，因此，分析试车尾气中 NO_x 排放规律对方案制订起着至关重要的作用。试车在 0～15min 内分别处于 10 个不同运行阶段，对该时段分析，污染物 NO_x 生成趋势如图 4-3 所示。

研究表明[1,2]，NO_x 的生成受温度和氧气含量影响，当温度升高时，NO_x 排量变大；当氧气浓度减少时，NO_x 生成也受到抑制。在本工况中，0～4min 是低温多氧阶段，产生 NO_x 量随温度的升高而增加；4～8min 是高温少氧阶段，产生 NO_x 量随温度的降低而增加，以 NO 居多；8～13min 是高压燃比运行工况，温度升高，NO_x 生成量增加；13～15min 负荷增加，空燃比下降，氧气浓度减小，处于少氧阶段，NO_x 生成也受到抑制，NO_x 生成量减少。

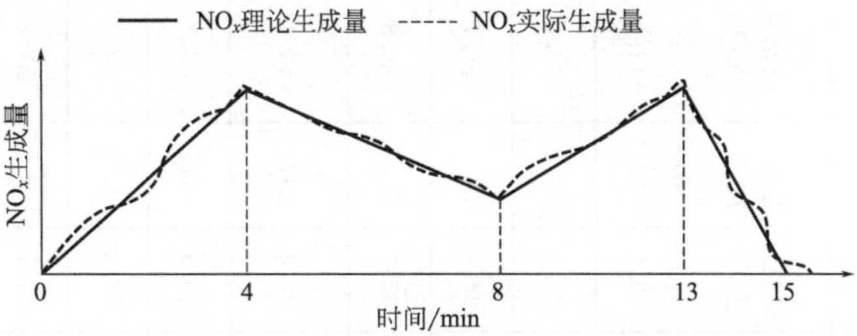

图 4-3 试车台架 0～15min 内 NO_x 生成趋势图

同理，对应各阶段，产生的 C_xH_y、CO、SO_2 也是对应的，但颗粒物主要集中在试车 0～4min 内产生，主要来源于柴油的不完全燃烧。

(4) 运行工况排烟参数分析

为了更好实现脱硫脱硝及脱除颗粒物的目的，对单台柴油发动机燃料燃烧不同试车工况实际运行情况进行数据采集，具体数据如表 4-4 所示。

NO_x 的生成主要受氧气含量、燃烧温度及燃烧产物在高温中停留时间三者影响：小负荷时，混合气空燃比较大，但内燃温度低，产生 NO_x 排量低；负荷增大时，温度升高，NO_x 排量变大，但随着负荷增大，空燃比下降，氧气浓度减小，NO_x 生成也受到抑制。从上表可知，柴油发动机试车时间短，负荷变化快，无法检测不同阶段的 NO_x 浓度，故以实际转速 1900r/min 产生的烟气量计算。

4.1.2 项目方案

4.1.2.1 主要工作内容

本项目是根据现场实地情况，综合考虑原有设备管道布置等，新增烟气处理设备。项目所需设备及改造工作有：烟气收集管线、背压风机、颗粒捕集器、烟气混合器、烟气升温装置（电加热器）、SCR 反应器（低温催化剂）、脱硫系统、主引风系统、压缩空气稳压罐、PLC 控制系统、配电柜等。增设尾气处理系统后，使潍柴二号厂试车台架尾气符合技术协议要求并达到《大气污染物综合排放标准》(GB 16297—1996) 中新污染源二级标准排放速率和《山东省区域性大气污染物综合排放标准》(DB 37/2376—2013) 第四时段中的重点控制区的排放浓度限值要求。

表 4-4　单台柴油发动机不同运行工况排烟参数表

发动机型号		DHP12Q2400						试验规范		WP12.400E50					
记录号	时长	工况号	工况名称	转速/(r/min)	扭矩/N·m	功率/kW	油耗率/[g/(kW·h)]	油耗量/(kg/h)	机油压力/kPa	机油温度/℃	排气温度/℃	校正排温/℃	柴油温度/℃	进水温度/℃	出水温度/℃
1	3min	1	磨合工况 1	701	194	14.2	178.8	2.7	402	37.1	129	129	33.6	38	42.5
2	5min	2	磨合工况 2	949	443	44	203.6	9.27	460	48.9	239	239	33.5	32.2	55.4
3	5min	3	磨合工况 3	1520	924	147.1	171.2	26.19	456	76.9	309	309	34.4	36.7	80.7
4	2min	4	磨合工况 4	1899	1032	205.2	209.7	44.55	469	92.5	334	334	35.7	57.2	84.8
5	2min30s	6	最大扭矩工况	1201	1895	238.3	180.8	44.76	423	91.1	448	448	35.8	64.1	84.1
6	10s	7	800r/min	799	1309	109.5	206.2	23.34	288	87.6	516	516	35.6	61.5	83.3
7	1min20s	8	怠速工况	599	5	0.3	206.2	23.34	203	87.2	487	487	35.6	61.3	83.2
8	20s	9	1000r/min	999	/	/	/	/	406	86.5	352	352	34.1	49.5	81.2
9	20s	10	1200r/min	1199	/	/	/	/	508	87.6	316	316	34.5	54.6	81.5
10	20s	11	1400r/min	1399	/	/	/	/	507	87.8	284	284	34.8	56.5	82.5

4.1.2.2 改造目标

改造后潍柴二号厂28个试车台架的发动机尾气排放同时达到《大气污染物综合排放标准》(GB 16297—1996)中新污染源二级标准排放速率和《山东省区域性大气污染物综合排放标准》(DB 37/2376—2013)的第四时段中的重点控制区的排放浓度限值要求。

具体法律法规要求如下：

2016年《建设项目环境保护管理条例》；

《大气污染物综合排放标准》(GB 16297—1996)，执行新污染源二级标准；

《山东省区域性大气污染物综合排放标准》(DB 37/2376—2013)的第四时段中的重点控制区要求；

《工业企业厂界噪声排放标准》(GB 12348—2008)；

《机械工业环境保护设计规范》(GB 50894—2013)；

《工业企业卫生设计标准》(GBZ 1—2002)；

《建筑设计防火规范》(GB 50016—2014)。

改造指标：现场改动最小，合理设置脱硫脱硝及脱除油污颗粒物系统，实现NO_x浓度从4000mg/m^{3}降至100mg/m^3；SO_2浓度从1000mg/m^{3}降至50mg/m^3；颗粒物从200mg/m^{3}降至30mg/m^3，且氨逃逸小于等于3mg/L的目标，详细参数如表4-5所示。

表4-5 柴油发动机尾气污染物控制系统的设计参数

项目	单位	数值
烟气量	m^3/h	12000
烟气温度	℃	≤185
NO_x	mg/m^3	$4000_{入}$-$100_{出}$
SO_2	mg/m^3	$1000_{入}$-$50_{出}$
颗粒物	mg/m^3	$200_{出}$-$30_{出}$
氨逃逸	mg/L	≤3

4.1.2.3 技术方案

潍柴二号厂试车车间共28个柴油试车台架，由于单台柴油发动机排气量较小，试车时间较短，导致尾部排烟温度较低，无法满足SCR工艺的使用温度，故设计采取集中处理的方式，通过“颗粒捕集器＋SCR脱硝＋湿式碱法脱硫”的联合一体化技术对潍柴二号厂试车车间28个台架柴油试车发动机尾气中NO_x、SO_2和颗粒物进行净化处理。将试车台架分为两套处理系统，东、西各14个台架柴油试车发动机。其中脱硝反应器分别位于东、西两侧试车车间二楼；脱硫南塔处理西侧烟气，北塔处理东侧烟气。

根据现场试车工况、场地条件、尾气排放要求，以其中一组处理系统为例，其工艺流程如图4-4所示。

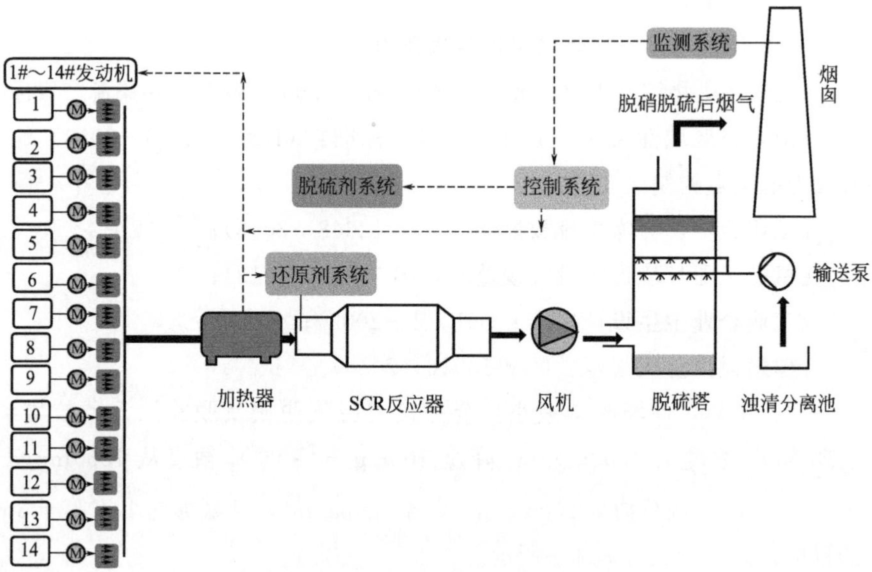

图4-4 尾气治理工艺流程图

每个台架柴油试车发动机烟气出口与已有的背压连接管法兰连接，一台发动机试车完成后，需更换下一台发动机，其间因下机/上机会出现空白期。在该系统中，烟气先通过油颗粒捕集器系统，对油污、炭黑进行过滤处理，保证进入SCR系统的烟气洁净，有效保护催化剂，防止催化剂表面和孔道被堵塞而降低催化效率。同时通过颗粒捕集器系统的烟气温度达不到脱硝催化还原反应所需温度，需要对其烟气进行加热处理。通过烟气升温，一方面可以达到催化剂活性温度，发生催还还原反应；另一方面可以使烟气中的还原剂有效热解，均匀地与烟气混合，使脱硝反应最大化。最后，经过SCR系统的烟气中含有很少量的NO_x、油污、炭黑，会在湿式碱法脱硫塔脱硫剂反复循环洗涤下彻底去除，同时烟气中的SO_2与脱硫剂NaOH反应，进一步去除SO_2，使得烟气达到《大气污染物综合排放标准》（GB 16297—1996）中新污染源二级标准排放速率和《山东省区域性大气污染物综合排放标准》（DB 37/

2376—2013）的第四时段中的重点控制区的排放浓度限值要求。

4.1.3 设备选型

“工欲善其事，必先利其器”，没有先进的设备，也不可能实现先进的技术。设备选型是与技术方案密切相关的，二者相辅相成，不仅关乎设备本身的安全性，更决定着技术路线能否顺利实施。本项目涉及气动阀门、颗粒捕集器、背压风机、加热器、SCR 系统、脱硫系统以及控制系统。本章节将围绕各系统相关设计选型展开具体介绍和讨论。

4.1.3.1 气动阀门选型

气动阀门是借助压缩空气驱动的阀门。可用于控制空气、水、蒸汽、各种腐蚀性介质、泥浆、油品、液态金属和放射性介质等各种不同类型流体的流动。在当前市场经济环境里是完善的。其选型如表 4-6 所示。

表 4-6 气动阀门参数表

指标	参数
规格	DN100
适用介质	水、气、蒸汽、泥浆、油品各种腐蚀介质
温度	500℃
使用压力	10MPa
现场条件	稳定气源 0.5～0.7MPa

4.1.3.2 背压风机选型

为解决试车发动机背压问题，降低试车油耗，满足系统正常运行。现场需配置一套高温背压风机进行主动排风，实现发动机试车排气背压在 7.5kPa 以下，其选型如表 4-7 所示。

表 4-7 背压风机参数表

指标	参数
规格	5.5kW
适用介质	水、气、蒸汽、泥浆、油品各种腐蚀介质
温度	500℃
风量	$4500m^3/h$
现场条件	电源 AC380V

4.1.3.3 颗粒捕集器选型

颗粒捕集器是一种安装在柴油发动机排放系统中的过滤器[3]，它可以在微粒排放物质进入大气之前将其捕集，捕集颗粒物为柴油发动机试车产生的尾气中含有的由碳或碳化物所组成的微小颗粒（尺寸小于 4～20μm）。

本系统选用的颗粒捕集器能够减少柴油发动机所产生的烟灰达90%以上，可对油污进行针对性清除处理，装置漏风率≤5%，设备的噪音不高于 85dB(A)，在脱除油污的同时，不会带来噪声污染。颗粒捕集器型号参数如表 4-8 所示。

表 4-8 颗粒捕集器型号参数表

指标	参数
芯体	D330×H305
数量	14 支×2 套
安装方式	背压风机尾气后安装一套
材质	特质芯体 100 目
适用介质	含 PM(颗粒物)、油污等污染气体
运行温度	≤550℃
运行温降	≤30℃
还原剂影响	无影响
更换周期	3 月/次
再生方式	离线返厂再生

4.1.3.4 加热器选型

由于系统尾气收集存在混入冷风状态，同时运行工况负荷波动较大，为满足不同运行状态下 SCR 脱硝达标排放，需要对主烟气进行升温以满足系统需求。

为了使还原剂充分热解，研发配套制作一体两室加热器，即：一个加热器本体，两个加热区，其中加热器上部为尿素热解区，保证尿素溶液在 350℃左右热解形成 NH_3，避免形成氰酸或结晶颗粒，在低温催化剂作用下，将 NO_x 还原为 N_2 和 H_2O[4-6]；加热器下部为主烟气加热区。根据现场实际烟气运行工况，进行定制设计加热工艺，每套系统配置 500kW 动力线缆，产品设计如图 4-5 所示。

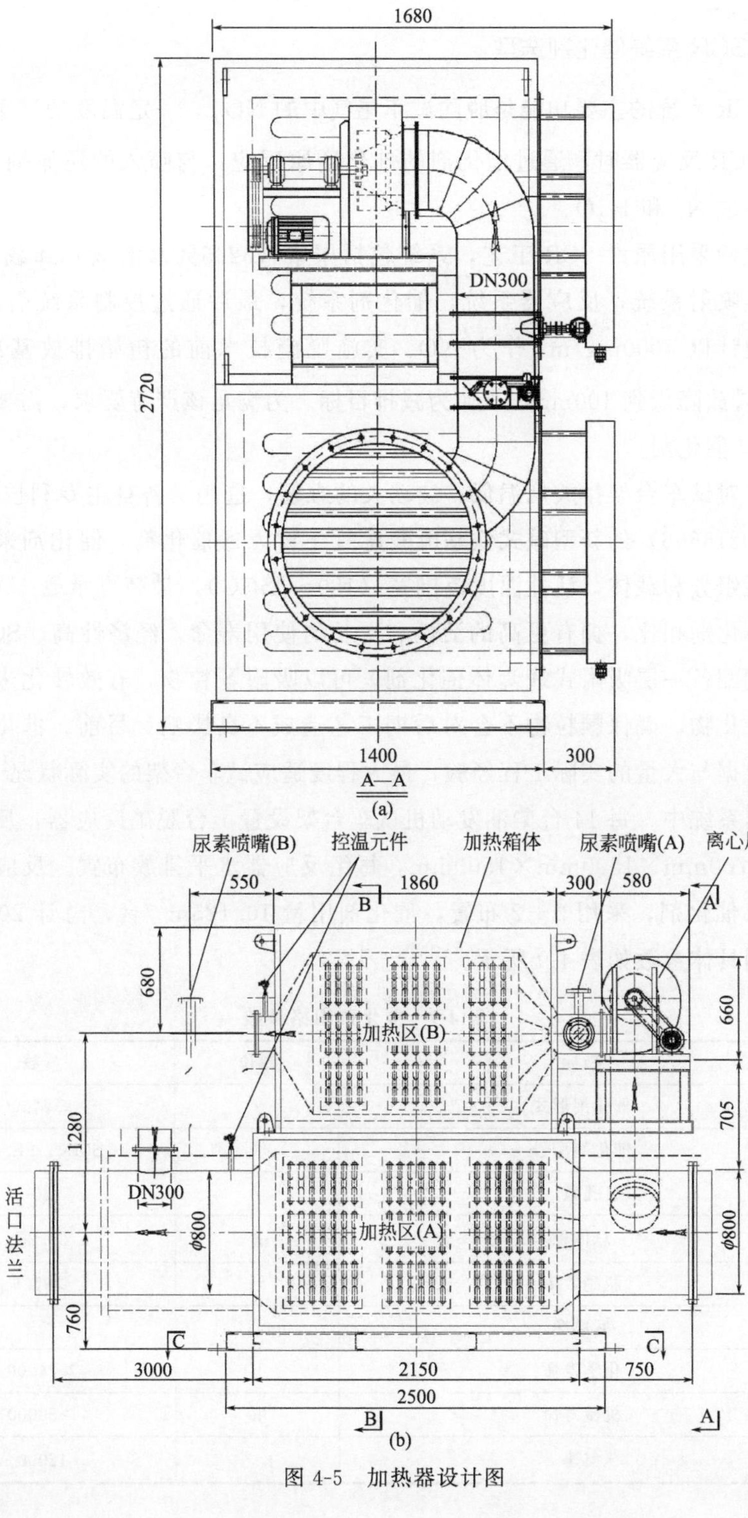
1680
2720
DN300
1400
300
A—A
(a)
尿素喷嘴(B)
控温元件
加热箱体
尿素喷嘴(A)
离心风机
550
1860
300
580
B
A
680
660
加热区(B)
705
1280
DN300
活口法兰
ϕ800
加热区(A)
ϕ800
760
C
C
3000
2150
750
2500
B
A
(b)

图 4-5　加热器设计图

4.1.3.5 SCR系统催化剂选型

SCR 系统的主要功能是脱除试车尾气中的 NO_x，一定温度的试车尾气在通过 SCR 反应器时，通过催化剂的催化还原反应，与喷入的还原剂（尿素）反应生成 N_2 和 H_2O。

脱硝采用尿素-SCR 工艺，系统包括尿素（32.5%水溶液）卸载、储存、供氨及喷射系统，反应器系统，催化剂系统，最后通过控制系统引入脱硫。方案设计以 4000mg/m^3 作为 NO_x 实施脱硝技术前的初始排放基准浓度，NO_x 排放降低到 100mg/m^3 作为减排目标。为满足该严苛要求，需要合理选择 SCR 催化剂。

针对试车台架排放烟温低、波动大的难题，选用具备自主专利技术（CN 201110216666）的新型碱式铁基硫酸盐氧化物无毒催化剂，催化剂采用新型的活性组分和载体，活性温度范围宽（180～450℃），最高可承受 550℃。与常规催化剂相比，拥有更高的活性和更长的使用寿命，经济性高。SCR 反应器前端配备一层吸附式蜂窝体催化剂，可以吸附颗粒物，有效转化未完全燃烧的碳化物，确保颗粒物不会对后期工艺造成不良影响。目前，催化剂已有实验数据与大量的实际工程经验，最大程度适应试车台架的实际状况[7-9]。

本系统中，每 14 台柴油发动机试车台架设置 1 台脱硝反应器，反应器尺寸为 5700mm×1500mm×1500mm，每组反应器水平排放布置。反应器中包含 4 层催化剂，采用 2+2 布置，催化剂用量 10.125m^3/台，总计 20.25m^3，催化剂具体参数如表 4-9 所示。

表 4-9 催化剂规格参数

指标	单位	参数
催化剂形式	/	蜂窝式
催化剂型号	/	SMXY-FE.30
孔数	/	30
总体积	m^3	20.25
脱硝效率	%	≥97.5
氨逃逸	mg/L	<3
化学寿命	h	>24000
机械寿命	h	>50000
空速	h^{-1}	12000

续表

指标			单位	参数
物理指标	使用温度	设计温度	℃	185～260
		最高温度	℃	450
		最低温度	℃	185

4.1.3.6　脱硫系统脱硫剂选型

传统的石灰石-石膏法采用钙基脱硫剂吸收 SO_2 后生成的亚硫酸钙、硫酸钙，由于其溶解度较小，极易在脱硫塔及管道内结垢、堵塞。根据试车系统现场条件及实际需求，选用碱法（NaOH）脱硫工艺。碱法烟气脱硫技术克服了石灰石-石膏法的缺点，系统简单，运行操作便利，易于维护。

同时，根据烟气中 SO_2 含量和设定的脱硫效率等要求，布置了两层雾化喷嘴，通过严格控制雾化液滴直径、出口流速和喷射方向等参数，使脱硫剂 NaOH 与烟气均匀混合，提高整体脱硫效率，实现达标排放的目的。

4.1.3.7　控制系统选型

控制系统的功能是实现对整体烟气处理的控制，本项目选用 PLC 控制柜，控制柜内主要电气元器件采用西门子公司产品，柜体室内安放，达到 IP54 防护等级。加热器系统配置西门子公司 S7 系列可编程控制器和 10in（1in＝2.54cm）工业操作屏，利用其成熟可靠的现场总线技术、模块化的软硬件，实现系统的平稳运行、自动控制、高效节能要求，并具备 I/O 和通信网络的可扩展性。

控制系统可以实现整个脱硫脱硝系统内设备部件协同运行和自动控制，保证系统高效节能运行，主要功能如下：

a. 背压风机系统和试车台架启动（或 PLC 继电器）信号联动，实现同启同停，减少冷风混入；

b. 采集试车台架运转的发动机台数；

c. 采集加热器前烟气总管流量；

d. 采集一体加热器的出入口烟气温度和本体报警元件温度。自动控制一体加热器各出口温度，进而使 SCR 反应器内烟气温度满足催化剂反应的窗口温度；同时对加热器本身进行自检、报警；实现加热器和主引风机连锁功能；

e. 采集 SCR 反应器出入口温度和压力；

f. 自动控制尿素溶液给入量使其热解后与烟气中 NO_x 充分反应，达到 NO_x 排放和 NH_3 逃逸合格。

4.1.3.8 烟道、管道、油漆基础要求

(1) 烟道设计准则

a. 烟道根据可能发生的最差运行条件（例如，温度、压力、流量、湿度等）进行设计。对于有防腐要求的烟道，还符合《衬里钢壳设计技术规定》（HG/T 20678—2000)，《玻璃鳞片衬里施工技术条件》（HG/T 2640—2004)。

b. 烟道以足够强度的钢板制成，外部要充分加固和支撑，能承受所有荷重条件，并且是气密性的焊接结构。所有焊接接头里外均进行连续焊。

c. 烟道壁预留充分的腐蚀余量，总体上最小壁厚为 6mm，内部尺寸精度在±0.5%的公差之内。所有暴露在腐蚀环境中的净烟气烟道和原烟道采取相应的防腐措施。

d. 烟道尾部设有水或冷凝液的积水坑，防止水流入烟囱。烟道低位点设置排水和预防措施，膨胀节和挡板避免布置在低位点。

e. 烟道内原烟气最大流速不超过 15m/s，净烟气最大流速不超过 18m/s。

f. 烟道设计应能抵抗外部负荷，例如地震、灰尘积累、内衬、保温。

g. 烟气在线测量仪采样探头下游 0.5m 处的烟道上，预留人工采样孔。

h. 对烟道的走向、形状、内部构件及其材料、压降等进行优化设计。特别注意烟道和钢支架的热膨胀，并采取相应的措施。所有烟道均采用内部加强条或支撑。外部加强筋统一规格和尺寸，并统一间隔排列。

i. 为便于检修和维护，所有的烟道均在适当位置设置合适的清洁孔和检修孔。检修孔与烟道保温层分开单独设置保温。

(2) 管道设计准则

a. 管道系统的设计应考虑运行时可能发生的最高温度，同时考虑管道系统的热膨胀和热应力。根据运行规程的要求和工艺介质腐蚀、磨损的特性，选择能长期运行的材质，如碳钢、衬胶碳钢、不锈钢、玻璃钢等。

b. 管道系统的布置设计满足气体净化装置的维修要求，并避免与其他设施发生碰撞。

c. 无内衬的管道采用焊接连接，有内衬的管道采用法兰连接。

d. 在所有管道系统上，均采取高位点排气和低位点排水的措施，并提供排气和排水阀。

e. 在需要的所有管道上设置排水设施，以便在运行时能将管道内的积水彻底排出。且每个减压阀或调节阀配备截止阀，并设置旁路，提高系统可靠性。

f. 浆液管道按输送介质的特性进行设计和选择，满足耐磨和防结垢的要求。输送浆液管道应尽可能短并使弯头减小到最低数量。

g. 输送高浓度有害介质的管道在法兰处配备透明的保护环，以避免介质在泄漏处喷出。

h. 橡胶内衬管和配件的安装使用螺栓法兰连接，管道为无缝碳钢管。橡胶内衬管和配件的内衬方式能防止腐蚀性介质接触金属表面，橡胶内衬伸出管道端部。边缘、拐角等需内衬的表面加工成弧形，有 6mm 的半径，橡胶内衬的厚度是 4mm。

（3）油漆及防腐措施准则

a. 钢构件的防腐应分段进行，施工时先涂一层底漆，焊缝留出 50mm 的范围不涂，待整体检验合格后进行全面防腐。

b. 防腐蚀涂层的施工：防腐宜在下料后、加工前进行防腐，油漆质量应符合设计要求。

c. 防腐涂料产品施工前应检查是否有合格证，是否过期。

d. 防腐蚀涂料和稀释剂在储存、施工及干燥过程中不得与酸、碱及水接触，并应防尘、防爆晒，严禁烟火。油漆施工作业时，施工作业面配置干粉灭火器 2 个。作业人员应掌握灭火器使用的操作要领。

e. 当使用同一涂料进行多层涂刷时，宜采用同一品种的涂料，以免颜色不一致。

f. 进行涂料施工时，应先进行试涂，试涂后经认可方可正式施工。

g. 使用涂料时，应搅拌均匀，如有结皮或其他杂物，必须清除后方可使用。涂料开桶后，必须密封保存。

h. 涂料配制与施工用的工具应保持干净，不得随便混用。

i. 涂层的施工方法可采用刷涂、滚涂、空气喷涂。刷涂时层间应纵横交错，每层宜往复进行，涂匀为止。空气喷涂时喷嘴与喷涂表面的距离应为 250～350mm，并成 20°～80°的角。压缩空气压力应为 0.3～0.5MPa，无论刷涂、滚涂，还是喷涂，都必须要均匀，不得有漏涂的地方。

j. 涂层数应符合设计要求，面层应顺介质流向涂刷。表面应平滑无痕，颜色一致，无针孔、气泡、流坠、粉化和破损等现象。

k. 在防腐蚀涂料施工过程中，应随时检查涂层层数及涂刷质量，涂层施工完成后应进行外观检查，涂层应光滑平整，颜色一致，无气泡、剥落、漏刷、反锈、透底起皱等缺陷。

4.1.4 系统调试

4.1.4.1 烟风系统调试

(1) 调试目的

通过系统的试运行，检查整个烟风系统的密封性、通过性、系统负压、风量控制等性能参数及系统风机控制、入口烟气控制阀是否正确执行动作等。

(2) 调试应具备的条件

a. 系统烟道、设备均已安装完毕，内部杂物已清理干净（风机、脱硫塔、SCR 反应器等）。

b. 烟风系统热工仪表均已安装完毕。

c. 烟风系统各电气设备均已安装完毕。

d. 现场设备系统命名、挂牌、编号工作结束。

e. 步道、通道畅通，地面平整，满足试运行要求。

f. 照明、通信系统投入运行，满足试运行要求。

g. 风机类设备单体试运行已结束。

h. 试车台架烟道控制阀安装结束，密封良好。

i. 管道保温工作完毕。

j. 与烟道系统连接的其他管线均已完工或关闭。

k. 风道、烟道各处人孔门已关闭，并用螺栓固定。

(3) 调试项目及调试工艺

1) 系统设备清单

烟风系统涉及的设备如表 4-10 所示。

表 4-10　烟风系统设备清单

名称	数量	备注
系统风机	2	每套系统 1 个
SCR 反应器	2	每套系统 1 个
烟道控制阀	28	每个试车平台 1 个
脱硫塔	2	每套系统 1 个

2）系统阀门调试

系统阀门调试主要针对试车台架出口的烟道控制阀及风机控制阀。通过对烟道控制阀的调试，调试人员应熟练掌握试车台架与阀门间的配合，在试车结束后，应及时关闭对应试车台架的烟道控制阀，防止系统混入冷风，降低 SCR 反应器入口的烟气温度。同时，在试车开始前，应及时打开对应的烟道控制阀，防止危险情况发生，避免发生烧伤、烫伤事故。

通过调整风机入口控制阀，调整系统的整体负压，同时，根据实际需求，加入部分野风，调整排放口的工艺参数，实现最佳脱除效果。

① 系统仪表测试

压力、液位、流量等仪表根据相关要求进行调试。

② 系统风机试运行

启动前应检查以下几方面。

a. 风机外观完整，连接可靠，转动安全罩已装好，无破损或松动现象。

b. 润滑油油位不低。

c. 电动机接线良好，测绝缘合格。

d. 相关表计已投运。

e. 设备本体可靠接地。

f. 检查紧急事故按钮，确保功能正常。

试运行步骤如下所述。

a. 传动引风机相关逻辑及保护。

b. 检查烟风通道，保证内部清洁，通道畅通，人孔关闭。

c. 检查风机本体是否正常。

d. 测绝缘送电。

试运行安全注意事项有以下几个方面。

a. 引风机及其系统首次启动试运行时，必须有安装人员、调试人员在现场严密监视设备。

b. 各单位需提前对现场人员告知风机试运行时间。启动前，需施工单位确认烟风通道内无任何施工人员。

c. 引风机试转时，应严密监视启动时间和电流，若启动时间过长或电流表不正常摆动时应立即停止。

d. 引风机试运过程中，如发生危及人身安全或设备损坏的情况，应立即停止该设备运行。

e. 引风机启动时，应注意转动方向，若转向相反，应立即停止。

f. 试运过程中，安装、调试、运行人员应定期检查设备的运行状况，检查设备运行系统摩擦、温度、电流等是否正常。

危险点分析和控制措施如表 4-11 所示。

表 4-11 危险点分析及控制措施

危险点	控制措施
烟道内部不清洁	由施工单位对烟风系统进行详细检查，确认系统具备通风条件
风机反转	启动后风机若反转则立刻按事故按钮停止风机运行
风机运行中轴承温度上升过快	启动前检查油站油位是否合适，润滑油流量是否满足要求，检查是否有漏油点，检查冷却水是否正常投入，适当减小风机出力
风机本体有异音	根据异音响动频率和部位判断，考虑是否停风机
试运行过程中出现人身事故	工作负责人提前将设备的危险源和危险区域充分告知参加工作人，并针对危险点采取相应的对策。确认参加工作人充分理解并佩戴必要的防护用品后，允许参加工作人工作

(4) 系统相关报警和联锁保护

在设备试运行结束后，对系统相关的报警和联锁保护进行传动。

(5) 质量标准

a. 轴承及转动部分无异常状态。

b. 轴承工作温度应稳定，轴承温度≤80℃。

c. 振幅不超过 0.06mm。

d. 无漏油、漏水、漏气现象。

e. 电机绕组温度≤135℃。

f. 系统参数控制准确。

4.1.4.2 还原剂系统调试

(1) 调试目的

通过对还原剂系统的调试，使还原剂系统可以稳定地供应尿素溶液，满足 SCR 系统的正常使用。

(2) 调试应具备的条件

a. 系统管道、设备均已安装完毕。

b. 还原剂系统热工仪表均已安装完毕。

c. 还原剂系统各电气设备均已安装完毕。

d. 现场设备系统命名、挂牌、编号工作结束。

e. 步道、通道畅通，地面平整，满足试运行要求。

f. 照明、通信系统投入运行，满足试运行要求。

g. 泵类设备单体试运行已结束。

(3) 调试项目及调试工艺

① 系统设备清单

还原剂系统涉及的设备清单如表 4-12 所示。

表 4-12　还原剂系统设备清单

名称	数量	备注
还原剂输送泵	2	单套系统
还原剂储罐	1	
系统控制柜	1	

② 系统阀门调试

根据系统图的要求对系统的所有阀门进行检查，确保各阀门安装正确，符合设计要求，阀门的标识牌悬挂正确无误。对电动和气动阀门，联合热工人员进行一一试验，确保在控制系统上操作正常、开关反馈正确；对调节阀门，要分 0、25%、50%、75%、100%五个开度进行操作，确保阀门的就地指示和控制系统的反馈一一对应。

对于系统的背压阀，根据实际使用压力要求，调整泵站出口背压阀压力，保证喷枪处溶液压力充足，雾化良好。

③ 系统仪表测试

压力、液位、流量等仪表根据相关要求进行调试。

④ 系统输送泵试运行

a. 检查输送泵润滑油位正常。

b. 检查泵体连接部位良好，无松动。

c. 检查电气接线良好。

d. 打开泵体上部排空阀，将泵体充满水。

e. 就地启动输送泵。

f. 检查泵体、电机振动、温度等参数。

g. 检查泵出口压力是否正常。

(4) 系统相关报警和联锁保护

在设备试运结束后，对系统相关的报警和联锁保护进行传动。

(5) 质量标准

a. 轴承及传动部分无异常状态。

b. 轴承工作温度应稳定，轴承温度≤80℃。

c. 振幅不超过 0.06mm。

d. 无漏油、漏水、漏气现象。

e. 系统参数控制准确。

4.1.4.3 SCR 系统调试

(1) 调试目的

脱硝系统安装完毕，且完成各个单体、分系统调试后，需要进行整套启动试运行，以对设计、施工和设备质量进行动态检验。检验脱硝系统的设计是否合理，是否能够达到设计要求。调试使整个脱硝系统安全稳定地通过试运行，发现并解决系统可能存在的问题。使之投产后能安全稳定运行，尽快发挥投资效益，为环保作贡献。

(2) 调试应具备的条件

a. 系统设备已安装完毕，文件包齐全。

b. 现场设备系统命名、挂牌、编号工作结束。

c. 脱硝系统的保温、油漆工作已经完成，各工序验收合格。

d. 试转现场周围无关脚手架拆除，垃圾杂物清理干净，沟洞盖板齐全。

e. 试转现场通道畅通，照明充足。

f. 还原剂系统冷态调试已经结束，满足热态试运行要求。

g. 脱硝系统内的所有阀门均已校验合格，满足试运行要求。

h. 在分系统调试期间发现的缺陷均已处理完毕，并验收合格。

i. 脱硝系统的其他所有仪表均调校完毕，能满足系统热态运行的需要。

j. 脱硝系统的所有联锁保护在各个分系统调试时已试验合格。

k. 各试车台架准备就位，具备投入系统条件。

l. 还原剂区域已安排好专人负责，以防止无关人员进入该区域内。

m. 系统风机已投入运行，各试车台架运转正常。

n. SCR 反应器区域正常，无影响系统投运的状况。

o. 有关脱硝系统的制度、规程、图纸、资料、措施、报表与记录齐全。

（3）调试项目及调试工艺

① 还原剂系统的检查

a. 还原剂储罐液位正常，还原剂充足。

b. 还原剂储罐出口管道阀已正常开启。

c. 管道、泵体放空气阀已排空空气。

d. 压缩空气压力正常，气动调节阀可正常开启。

e. 输送泵系统已送电，且无故障指示。

f. 系统内所有阀门送电，开关位置准确，反馈正确。

② 喷射系统的检查

a. 系统管线无泄漏。

b. 喷枪连接处无跑冒滴漏现场。

c. 压缩空气投入正常，压力正常。

d. 喷枪无堵塞。

③ SCR 反应器系统的检查

a. 反应器人孔门关闭，无烟气外漏。

b. 入口导流板正常，烟气流动均匀、稳定。

c. 系统通流正常，反应器无异常振动。

d. 反应器出入口温度测点正常。

④ 公用系统检查

a. 反应器出口烟气分析装置投入正常。

b. 压缩空气系统正常。

c. 烟道系统运行正常，管道连接处无漏风情况发生。

d. 试车台架无影响系统投运的状况。

(4) 脱硝系统的启动

a. 试车台架系统运行正常，烟风系统运行正常，反应器入口烟温满足系统投入条件（≥280℃）。

b. 喷枪投入压缩空气系统，检查空气压力及雾化状态。

c. 启动一台尿素溶液输送泵，另外一台投入联锁备用。

d. 检查泵出口压力正常（0.6～0.75MPa）。

e. 调节泵出口气动阀，通入少量尿素溶液进行试喷。

f. 根据 SCR 出口氮氧化物的浓度及尿素溶液的浓度，缓慢打开大流量控制阀，控制 NO_x 的脱除率在 30%～40%。如果在喷氨过程中，反应器出口 NO_x 含量无变化或者明显不准时，就需要暂停喷尿素溶液，解决问题后，方可继续喷。

g. 脱硝效率稳定在 30%～40%，全面检查各个系统，特别是反应器系统，调整各个喷枪压缩空气与尿素流量，确保喷枪雾化状态均匀。检查氮氧化物分析仪，确保烟气分析仪工作正常，如果测量不准，应及时处理，最好能够用标准气体对仪器进行标定。检查还原剂系统工作正常。

h. 继续手动缓慢开大还原剂管路流量控制阀，使脱硝效率逐渐增大。在达到所需效率后，维持还原剂流量不动，系统稳定运行。

(5) SCR 系统首次启动后的调整

① 脱硝系统运行温度

在脱硝系统运行中，要密切注意入口烟气温度的变化，且不可在烟气温度不满足时继续喷入还原剂，防止系统尾部结晶。系统运行过程中，要严格按照操作规程进行，停止试车的试车台架应及时关闭入口烟道手动阀，防止冷空气进入。

② 还原剂量的控制

还原剂量的控制是根据烟气量、初始排放值、减排率等参数来控制的。同时，影响用量的因素还有喷枪雾化状态、烟气温度、试车台架负荷、还原剂与烟气的混合程度等。综合考虑以上因素，将还原剂控制在合理的范围内，既满足系统对脱硝效率的需求，同时，又兼顾系统运行的经济性。

(6) 脱硝系统变化脱硝率运行试验

在试车系统稳定运行状态下，变化脱硝效率由 40%升至 85%。再由 85%

降低至40%，分别观察脱硝系统的运行情况，包括还原剂供应流量值、氨逃逸率、反应器进出口烟气温度值等。

(7) 脱硝系统投运和停止对试车台架的运行影响试验

在试车系统稳定情况下，观察脱硝系统投运或者停止对系统运行参数的影响，主要观察烟道负压、引风机出力等参数的变化情况。

(8) 脱硝系统试运行

在完成有关试验后，各方确认脱硝系统已经具备进入试运行的条件，开始脱硝系统的72h稳定试运。72h试运期间，脱硝效率设定在额定值。在此期间，要定时详细记录以下参数：试车平台负荷率、排烟量、脱硝效率、还原剂流量、反应器出口氮氧化物含量、氧气含量、系统风机的电流和稀释风流量。

(9) SCR系统停运

① SCR系统短期停运

a. 关闭还原剂管道流量控制阀。

b. 停止还原剂系统输送泵。

c. 其他系统设备或者阀门等保持原来的运行状态。

② SCR系统长期停运

a. 试车台架长时间停用时，在SCR入口温度低于230℃前，停止还原剂的喷入。试车台架陆续关闭。

b. 关闭还原剂管路流量控制阀。

c. 在试车系统完全停运后，关闭各试车台架烟道阀，停运系统风机。

d. 至此，脱硝系统完全停止运行。

4.1.4.4 脱硫系统调试

(1) 调试目的

脱硫系统安装完毕，且完成各个单体、分系统调试后，需要进行整套启动试运行，以对设计、施工和设备质量进行动态检验。检验脱硫系统的设计是否合理，是否能够达到设计要求。调试使整个脱硫系统安全稳定地通过试运行，发现并解决系统可能存在的问题。使之投产后能安全稳定运行，尽快发挥投资效益，为环保作贡献。

(2) 调试应具备的条件

a. 场地基本平整，消防、交通及人行道路畅通，厂房各层地面已完成，试运行现场已设有明显标志和分界。

b. 脱硫岛的施工脚手架已拆除，场地已清扫干净。

c. 脱硫岛内的梯子、平台、步道、栏杆、护板等已按设计安装完毕，正式投入使用。

d. 现场外排水设施能正常投运，沟道畅通，沟道及孔洞盖板齐全。

e. 现场具有充足的正式照明，事故照明能及时自动投入。

f. 各运行岗位和调试人员已有正式的通信装置，调试增加的临时岗位，也需要设有可靠的通信联络设施。

g. 脱硫岛区域的采暖及通风设施已按设计能正常投入使用。

h. 在酷暑季节或高温岗位已有防暑降温措施。

i. 设备厂房已封闭完整。

j. 启动调试需要的化学药品、备品备件及其他必需品已备齐。

k. 保温、油漆及管道色标完整，设备、管道和阀门等已有命名和标志。

l. 设备和容器内保证无杂物。

m. 调试人员在整套启动前，应进行的分系统试运、调整已结束，并核查分系统试运记录，确认已能满足脱硫整套系统启动调试条件。

(3) 调试项目及调试工艺

脱硫系统设备清单如表 4-13 所示。

表 4-13 脱硫系统设备清单

名称	数量	备注
循环池	2	每套系统 1 个
洗涤塔循环泵	2	每套系统 2 个
工艺水箱	1	两套系统公用
脱硫塔	2	每套系统 1 个
配液罐	1	两套系统公用

① 工艺水箱注水

通过水管路对水箱进行加水，满足系统使用需求。

② 脱硫塔循环泵试运行

a. 检查输送泵润滑油位正常。

b. 检查泵体连接部位良好，无松动。

c. 检查电气接线良好。

d. 确认吸收塔液位达到循环泵启动条件，开启循环泵出口门。

e. 手动盘车正常。

f. 开启循环泵入口门，使泵壳内注满浆液。

g. 启动循环泵，注意泵电流的返回和泵出口压力是否正常。

h. 转机轴承温度、振动不超过允许范围，油温不超过规定值。

③ 洗涤塔及澄清池冲洗

脱硫装置启动前，需要向池内注入工艺水，为系统的运行做好充分准备，由于池内需水量大，注水时间长，应利用厂内临时水源对池子进行加水。

启动脱硫塔循环泵，对脱硫塔塔体及脱硫塔管线、循环池等进行冲洗，清除内部杂物及焊渣等。

若吸收塔内杂物较多，应将吸收塔内水放尽后，再重新向吸收塔上水，直至冲洗合格。确认吸收塔及循环池冲洗干净。

④ 循环加药池配液

根据设计需求，在循环池内配好额定比例的溶液，满足系统使用要求。

(4) 脱硫塔系统启动

在脱硫系统启动前应组织专门人员进行全面检查洗涤塔和循环池各部分，确保系统内无人工作，各设备启动条件满足。

a. 电气系统投入运行。

b. 投入烟气在线监测装置。

c. 检查除雾器系统正常。

d. 启动吸收塔循环泵。

e. 如沉淀池浆液浓度达到设计脱水值时，启动脱水系统。

f. 运行中要保证吸收塔水位、pH 值和浆液浓度的正常。通过调整冲洗水的时间，保持循环池水位在正常范围内。通过调整钠碱浆液供给量使吸收塔浆液的 pH 值应保持在 9～10 范围内。

(5) 系统运行中的检查和维护

a. 运行中应保持系统的清洁性，对管道的泄漏、固体的沉淀、管道结垢及管道污染等现象及时检查，发现后应进行清洁。

b. 转动设备的润滑，绝不允许没有必须的润滑剂而启动转动设备，运行后应当常检查润滑油位，注意设备的压力、振动、噪音、温度及严密性。

c. 所有泵的电机、轴承温度检查，防止超温。

d. 法兰、人孔等处的泄露情况检查，及时处理。

e. 循环泵启动前必须有足够的液位，其进口门应该处于全开位置。另外泵出口阀未开而长时间运行是不允许的。

f. 循环泵循环管路的检查，大多数输送浆液的泵在连续运行时形成一个回路，浆液流动速度应按下列两个条件选择。防止固体沉积于管底，发生沉积时可从下列现象得到反映：

在相同的浆液流量下，泵的出口压力随时间而减少；若不能维持正常运行的压力或流量时，必须对管道进行冲洗，冲洗无效时应拆卸管子进行人工清除沉积物。

g. 数据记录与处理，主要参数如下：试车平台负荷率、烟气流量、烟温等。吸收塔压降、脱硫塔出口 SO_2 和 O_2 浓度、循环泵电流、循环池浆液 pH 值、脱硫塔液循环流量。

(6) 脱硫系统的停运

停运前浆液管都必须冲洗，按以下步骤执行停运程序：

a. 逐台停运脱硫塔循环泵。

b. 停运工艺水泵。

c. 关闭压缩空气阀。

d. 拆下 pH 测定仪进行保养。

e. 脱硫系统停运后应检查各个池子、储罐的液位，巡视检查脱硫系统。

f. 停运期间，应严格按设备厂家的要求进行设备换油等定期维护工作。

g. 若维修工作需要较长时间，则必须清空各个罐。

4.1.5 运行结果

对潍柴动力二号厂系列试车台架进行集中分组处理，应用“颗粒捕集器+SCR 脱硝+湿式碱法脱硫”一体化处理技术，达到了脱硫脱硝及脱除油污颗粒物的目的，经过 6 个月的运行，系统表现出较好的稳定性和可靠性。新型铁基催化剂的脱硝效率在宽烟温范围内保持稳定高效，检测报告如图 4-6 所示。

运行检测结果显示，颗粒物排放浓度为 4.7mg/m^3，SO_2 排放未检出，(检测限<2.0mg/m^3)，NO_x 排放浓度为 4.0mg/m^3，检测结果均达到设计要求。

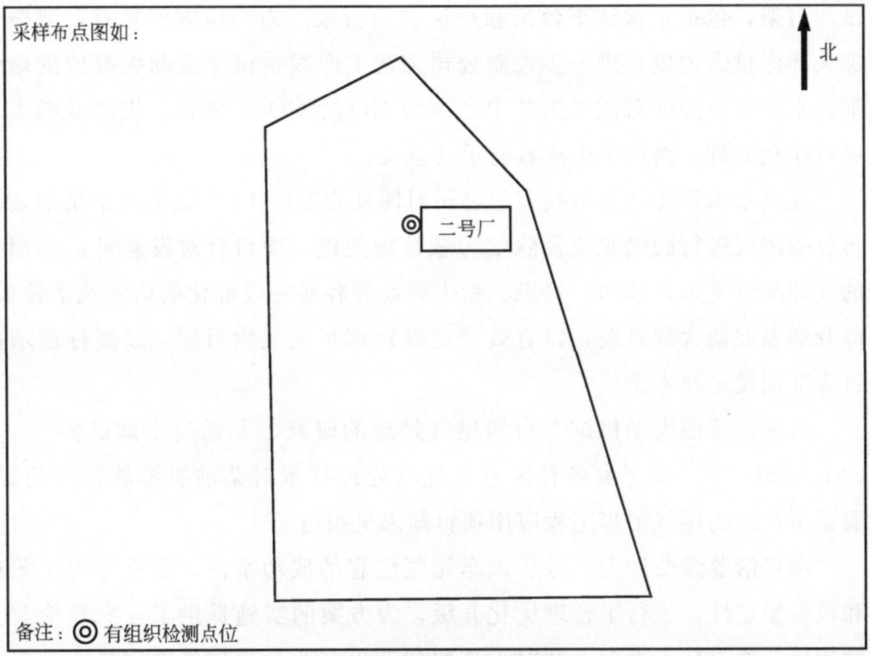

采样布置点位图

大气污染物检测结果表

采样点位	采样时间		样品编号	检测项目	检测结果/(mg/m³)	流量/(m³/h)	排放速率/(kg/h)
潍柴动力二号厂试车间尾气处理排气筒	2019.06.01	09:15-11:21	19060001-02-111	颗粒物	4.7	9413	0.044
				SO_2	ND(＜2)		—
				NO_x	4		0.038

备注：1. 潍柴动力二号厂试车间尾气处理排气筒烟道尺寸1.2m，高度15m，废气处理措施：碱液、尿素+还原剂。

2. ND表示未检出。

图 4-6　检测报告

4.2 ▸▸ 博杜安项目实例

4.2.1 项目概述

4.2.1.1 总体概述

博杜安股份有限公司为潍柴动力全资子公司，目前博杜安工厂共有 13 个试车台架，包括正常试车台架和小试试验台架。为响应国家号召，潍柴动力加大环保投入力度，进一步控制公司工艺生产线中试车发动机排放的烟气标准。本项目主要针对试车工艺中产生的 NO_x、SO_2、油污、炭黑及粉尘颗粒进行净化处理，对清洁生产具有重要意义。

北京水木清源环保科技有限公司对博杜安工厂 13 台试车台架柴油发动机排放的尾气进行脱硝脱硫及除油污颗粒物处理。项目针对发动机试车烟气中的气体组分复杂，油污、炭黑、粉尘颗粒等容易造成催化剂堵塞及活性失效，以及烟温波动大等难题，以有效稳定处理试车烟气为目标，以高标准示范项目为准则设定技术路线。

目前，柴油发动机试车台架尾气处理的研究主要通过小试试验[10-13] 或 CFD 模拟[14,15] 来考察各种因素及尾气处理技术对柴油机排放特性的影响，而试车台架的尾气治理工程应用项目却未见报道。

项目借鉴潍柴动力二号厂试车尾气已有的成功案例，着重考虑工艺难点和设备稳定性，进行了合理优化升级，为方案的实施提供了可靠理论及实践性指导。通过技术耦合，开发了高效柴油机试车台架尾气处理技术，在满足工程项目尾气达标排放的同时，开发了新工艺、新方法，为同行提供节能减排新技术选择。

4.2.1.2 工况简介

(1) 试车台架

本项目发动机包括 6 种型号，共 13 个试车台架，每个台架布置一台发动机。发动机最大功率范围为 445～1785kW，理论最大排气量范围为 2432～9936kg/h，各机型详细参数如表 4-14 所示。

表 4-14 发动机型号参数

发动机型号	最大功率/kW	理论最大进气量/kg/h	数量
16M33	1785	9936	3 台
12M33	1390	6571	6 台
WP17 高端	993	4072	1 台
WP13 高端	735	4072	1 台
D 系列	1390	6571	1 台
一致性机型	445	2432	1 台

(2) 试车燃料

发动机试车台架均采用由中国石化提供的国标 0＃、10＃燃油，燃料理化指标成分参数如第 4.1 节表 4-1 所示。

(3) 现场工作条件

电源电压：三相五线制 (380±38)V；频率 (50±1)Hz；
压缩空气：压力 0.4～0.6MPa；
环境温度：－10～25℃。

(4) 环境条件

① 安装位置

系统所涉及的气动阀门、组合式颗粒捕集器、加热器、SCR 反应器系统、PLC 控制系统等在室内布置，风机、脱硫塔系统在室外露天布置。

② 气象条件

为保证室外设备的安全使用，对项目现场的气象条件进行统计，具体参数如表 4-15 所示。

表 4-15　气象条件设计参数表

项目	数值
多年平均气温	22.2℃
极端最高气温	45℃
极端最低气温	－10℃
多年平均气压	100.35kPa
多年年平均降水量	645.2mm
历年平均风速	7.5m/s
基本风压	0.90kN/m^2
基本雪压	0.45kN/m^2

4.2.1.3　工况分析

(1) 燃料燃烧产物分析

发动机试车台架均采用由中国石化提供的国标 10＃燃油，以 12M33 机型为例，在75%的运行工况下，柴油发动机燃料燃烧后形成污染物成分占比分析如表4-16所示。

表4-16　10#柴油燃烧产物组成成分表

污染物成分	单位	数值
O_2	%	14.0
N_2	%	76.2
CO_2	%	4.5
NO_x	mg/L	1500
SO_2	mg/L	<8
CO	mg/L	60
烃类化合物	mg/L	180
PM	mg/m^3	120

(2) 排烟温度分析

试车车间现有13个试车台架，全年运行300天，每天12h。试车在0～125min内分别处于7个不同运行阶段，以12M33机型为例，对该时段进行分析，在不同负荷下（0～100%）通过测量不同时段的烟气温度，得到温度分布曲线，如图4-7所示。

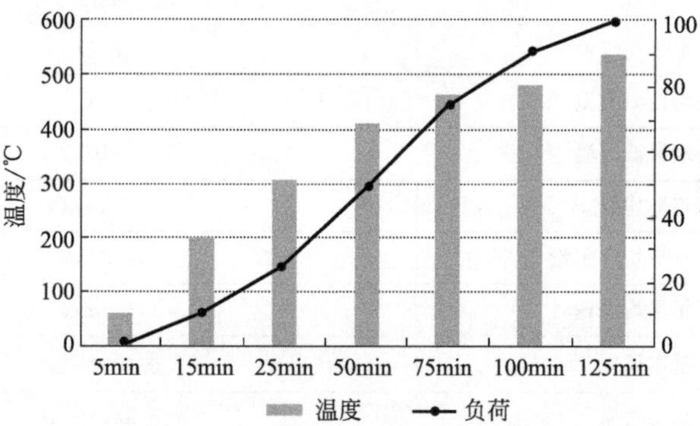

图4-7　发动机试车台架烟气温度曲线图

分析运行温度曲线图可知：发动机试车尾气温度范围为60～540℃，其中，初始阶段25min（10%负荷）内，排气温度低于300℃；随着负荷增大，温度逐渐升高，最高可达540℃，且高温段（>300℃）维持时间较长。这主要归因于两个方面：a.发动机采用压燃技术，因此气缸压缩比高，从而使气缸内的燃烧温度较高；b. 发动机属于高速发动机，气缸内各种物质在高温环境下的停留时间也较长。

值得注意的是，在初始阶段，烟气由于管道散热导致热量损失，此阶段温度不能满足 SCR 处理工艺对烟气温度需求，因此，需在设计阶段需要考虑解决措施。

(3) 试车柴油机尾气排放趋势分析

由表 4-16 可知，试车柴油机排气排放污染物有 CO、C_xH_y、PM、NO_x、SO_2 和 N_2 等气体。由于试车尾气中 NO_x 初始浓度较高，由二号厂经验可知，NO_x 产生量波动也较大。因此，本方案将 NO_x 设定为主要处理对象，分析试车尾气中 NO_x 排放规律对试验方案的确定起着至关重要的作用。试车在 0～125min 内分别处于 7 个不同运行阶段，对该时段进行分析，NO_x 生成趋势如图 4-8 所示。

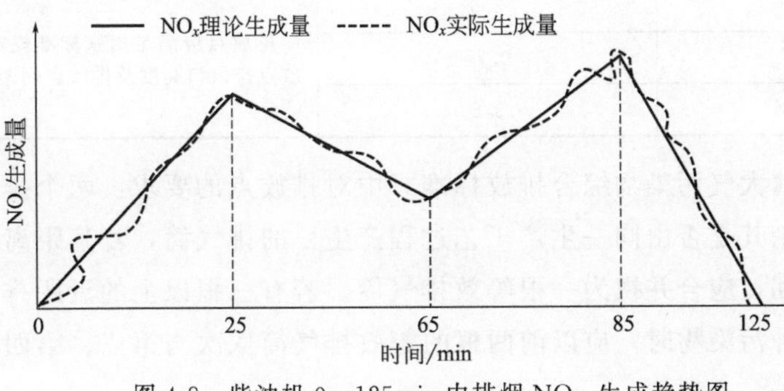

图 4-8 柴油机 0～125min 内排烟 NO_x 生成趋势图

0～25min 是低温多氧阶段，产生 NO_x 量随温度的升高而增加；25～65min 是高温少氧阶段，产生 NO_x 量随含氧量的减少而相对减少，以 NO 居多；65～85min 是进行高转速低扭矩运行，压燃比高，温度升高，产生 NO_x 量增加；85～125min 负荷升高，少氧阶段，NO_x 生成量减少。

4.2.2 项目方案

4.2.2.1 主要工作内容

本项目是根据现场实地情况，综合考虑原有设备管道布置等，新增烟气处理设备。项目所需设备及改造工作有：烟气收集管线、背压风机、组合式颗粒捕集器、烟气混合器、烟气升温装置（电加热器）、SCR 反应器（低温催化剂）、脱硫系统、主引风系统、压缩空气稳压罐、PLC 控制系统、配电柜等。在综合考虑污染物排放速率、排放总量、区域范围内污染源的分布和特点的基础上，通过增设尾气处理系统后，使博杜安工厂试车尾气符合技术协议要求，并满足国家和当地环保排放标准的要求，即《大气污染物综合排放标准》（GB 16297—1996）中新污染源二级标准排放速率和《山东省区域性大气污染物综合排放标准》（DB 37/2376—2013）的第四时段中的重点控制区的排放浓度限值要求。

4.2.2.2 改造目标

根据上述标准可知，试车台架烟气排放应遵循的标准如表 4-17 所示。

表 4-17 大气污染物综合排放标准

污染物类别	排放标准/(kg/h)	备注
SO_2	2.6	排放点应满足国家标准规定的单个排放点排放口高度及排放点间距离要求
NO_x	0.77	
PM	3.5	

根据《大气污染物综合排放标准》中对排放点的要求：两个排放相同污染物（不论其是否由同一生产工艺过程产生）的排气筒，若其距离小于其几何高度之和，应合并视为一根等效排气筒。若有三根以上的近距排气筒，且排放同一种污染物时，应以前两根的等效排气筒依次与第三、第四根排气筒取等效值。

根据标准，试车 NO_x 排放总量控制要求低于 0.77kg/h。目前，单个台架初始排放烟气量平均为 3000m^3/h，平均浓度为 2500mg/m^3，单台试车的排放总量为 7.5kg/h。

系统设计 1～6 号台架，7～13 号台架分别单独设立排放排气筒，根据环保要求，每根排气筒的排放浓度应<100mg/m^3，排放速率<0.77kg/h。集中试车时，重型发动机同时运行，为满足排放总量要求，脱硝系统处理效率应满足 $7.5\times6<\eta<0.77$kg/h，计算出系统处理效率 η 须大于 98.2%，处理效率要求较高。

根据发动机排放的平均浓度，计算 SCR 反应器处理后的 NO_x 排放应<$2500\times(1-98.2\%)=45$mg/m^3。系统设计时，应按照 SCR 出口浓度<45mg/m^3 进行设计。

4.2.2.3 技术难点

由于本项目涉及的发动机大多为重型发动机，相比二号厂尾气治理更为复杂，主要存在以下难点：

a. 试车烟气初始 NO_x 排放数值高，对脱硝系统处理效率要求更为严苛。

b. 排气温度变化快，低温区间温度低，不满足工艺要求。

c. 排气中含有炭黑、油污颗粒等，容易造成催化剂污染失活。

d. 试车发动机排量波动大，处理难度较高。

e. 试车时间无规律，可预测性低，对系统适应能力要求较高。

f. 新增处理系统阻力不能影响试车背压。

g. 重型发动机排气量高，试车时间长，对系统稳定性及耐久性要求高。

4.2.2.4 技术方案

(1) 设计依据

由于本项目试车台架发动机均为大机型，试车时间较长，烟温相对较高，故采用单台处理的方式对尾气进行净化处理。相比集中处理方式，这一方式提高了系统设备运行效率及可靠性，简化了设备的运行维护，同时兼具较好的经济性，主要体现在催化剂用量和耗电量两个方面。

① 催化剂用量比较

采用集中处理工艺时，1～6 号台架设置一台反应器，7～13 号台架设置一台反应器。两台反应器烟气量分别为：

一号反应器：(2950×4)＋(3800×2)＝19400m^3；二号反应器：(2950×3)＋(3800×1)＋1423×2＋850＝16346m^3。考虑到试车台架集中试车的工况，处理系统须在系统最大负荷时，仍能满足出口排放＜45mg/m^3，催化剂总量为22（一号反应器)＋18.2(二号反应器)＝40.2m^3。

采用独立处理工艺时，由于在发动机试车初始过程中，排气量及浓度相对较低、排烟温度也相应较低，SCR 反应器按低温催化剂设计，随着试车过程进行，排烟温度逐渐升高，此时 SCR 反应器按照常规中温催化剂设计。由于单台处理过程中反应器更加靠近发动机排气口，系统温度损失较小，烟气系统的集中性较好，故而在试车过程的大部分时间，处理系统的效率相比于低温处理有大幅提升，催化剂的用量因此也随之减少。

单台处理时催化剂总用量如下：1.89×3＋1.52×7＋(1.74＋1.74＋

0.93)=20.72m^3。

通过计算比较，单台处理过程中的催化剂用量仅为集中处理所需用量的一半，减少近 20m^3。

② 耗电量比较

通过分析试车台架运行工况及规律，单台处理与集中处理运行电耗统计如表 4-18 所示。

表 4-18　运行电耗统计表

处理形式	1～6 号试车座台安排		系统所需加热器功率/kW	运行电耗/kW·h	计算过程	备注
集中处理	加热器总功率		416+467=883			1～6 号 416kW，7～13 号 467kW
	25%负荷	上午 3 台，下午 3 台		7278	(416×1.5+213×1)×2+467×12	取平均运行电耗 6753kW·h
		上午 6 台		6228	416×1.5+467×12	
	50%负荷	上午 6 台，下午 6 台		6852	(416×1.5)×2+467×12	
	75%负荷	上午 12 台，下午 6 台		7476	(416×1.5)×3+467×12	取平均运行电耗 7834kW·h
		上午 9 台，下午 9 台		7926	(416×1.5)×2+(416×1.5+213×1)×2+467×12	
	100%负荷	上午 12 台，下午 12 台		8100	(416×1.5)×4+467×12	
单台处理	加热器总功率		120×3+90×7+150=1140			
	25%负荷			2610	(120×3+90×7)×1×1+150×12×0.9	
	50%负荷			3420	(120×3+90×7)×1×2+150×12×0.8	
	75%负荷			4230	(120×3+90×7)×1×3+150×12×0.7	
	100%负荷			5040	(120×3+90×7)×1×4+150×12×0.6	

根据计算结果，绘制单台处理与集中处理时电耗情况对比图，如图 4-9 所示。

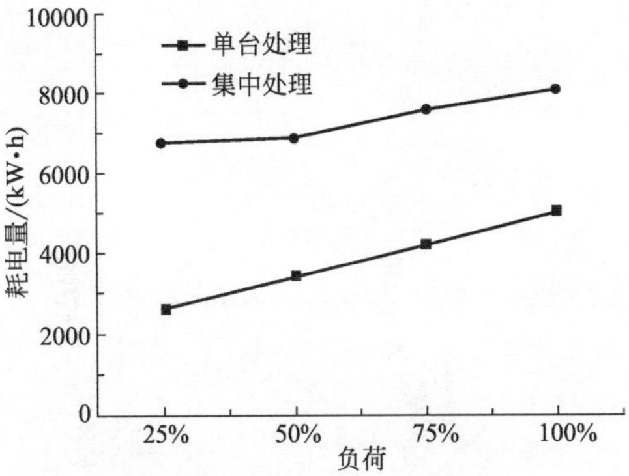

图 4-9 加热器耗电量曲线

通过计算发现，采用单台处理时，系统平均耗电量相比于集中处理低30%～40%，可有效降低运行费用。

通过在潍柴动力二号厂烟气处理工程的总结，在经过管道散热、冷风损失后，烟气温度下降明显，会降低 SCR 系统脱硝效率，增加系统的运行费用。

本方案综合了前期实践，采用单台处理的形式，SCR 反应器更加靠近发动机排气口，温度集中，系统散热损失小，在催化剂的选择上有更大的空间，能提高系统的处理能力及效率。采用单台处理，催化剂用量的减少，不仅可以降低系统的初投资，同时有利于安装，系统占用空间少。

(2) 工艺路线

通过研究分析，可知试车样机系统存在烟气初始 NO_x 排放数值高、排气温度范围广、排气量波动大、烟气成分复杂等难题。针对上述难点，制定了“组合式颗粒捕捉器＋SCR＋湿法脱硫”的综合技术路线，采取单台处理的方式对烟气进行过滤、升温并脱除 NO_x。

综合技术路线如下：a. 在发动机出口安装颗粒捕集器，去除烟气中炭黑颗粒及油污，在提高烟气净化效率的同时，确保催化剂使用的安全性；b. 在 SCR 前端增设烟气加热器，在系统座台启动初期，提高烟气温度，使之满足 SCR 处理的温度需求；c. 选择高效宽温区 SCR 催化剂，尿素作为还原剂，同时配备烟气旋流混烟器，使还原剂与烟气充分混合，提高 NO_x 脱除效率，满足现场高浓度 NO_x 脱除需求；d. 系统尾部设置高效脱硫塔，去除烟气中的 SO_2 的同时，也可将部分颗粒物洗涤，提高烟气的处理效率。

工艺路线图如图 4-10 所示。

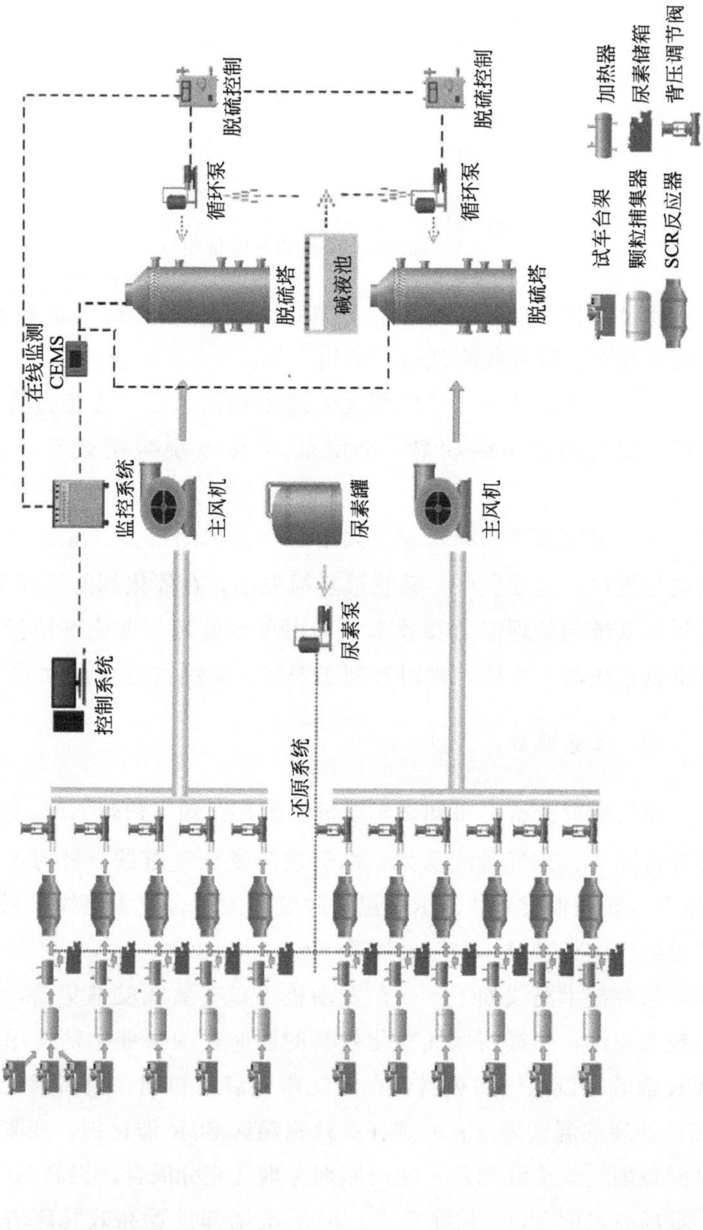
在线监测
CEMS
脱硫控制
循环泵
脱硫塔
碱液池
脱硫塔
循环泵
脱硫控制
监控系统
主风机
尿素罐
主风机
尿素泵
控制系统
还原系统
试车台架
颗粒捕集器
SCR反应器
加热器
尿素储箱
背压调节阀

图 4-10　工艺路线图

值得注意的是，排气筒在设计时，若筒间距较近，达不到标准规定的单个排放点间距离要求，则等效计算后的排放点数量仍为1。因此，为了更好地达到排放要求，需合理布置排放筒，充分利用试验场地空间，有效降低排放处理难度。

根据标准要求，试验场地单个排放点间距离应满足≥36m。考虑到厂房实际情况，可利用试验场地及与周围建筑物之间的相互影响，将排气筒布置在厂房外部北侧。经实地测量勘察，最终确定，在厂房北侧布置两根排气筒，两根排气筒间距离≥36m。排气筒布置如图4-11所示。

4.2.3 设备选型

本项目涉及如下设备（M系列发动机为一组，其余系列发动机为一组分别处理），设置台架烟气收集管路，增设高效组合式颗粒捕集器、烟气加热器、背压调节阀、高效SCR催化反应器、系统主风机、脱硫塔系统。本章节将围绕各系统相关设计选项展开具体介绍和讨论。

4.2.3.1 组合式颗粒捕集器选型

由于试车发动机多数为重型柴油机组，颗粒及油污排量较高，故设计了组合式颗粒捕集器（图4-12），提高捕捉效率，同时便于安装及维护。

颗粒捕集器由催化氧化器（DOC）和丝网过滤器组成，可有效脱除尾气中的C_xH_y、CO以及PM。捕集器能够捕集95%以上的颗粒（尺寸介于4～20μm）并可对油污进行清除，捕集器定期更换并可通过燃烧方式再生。系统中设有压差报警功能，当出现堵塞时，及时报警，更换捕集器，确保试车系统的正常运行。本项目选用的捕集器型号如表4-19所示。

4.2.3.2 加热器选型

系统采用每个台架独立设置烟气加热器形式，由于重型机组单个台架系统排烟量较高，系统散热量较少，处理系统在大负荷阶段无需加热。单台设计形式可提高系统的运行经济性。

试车台架均采用高效电加热器加热排放的烟气，加热管束为高强度耐热材料，在确保加热效率的同时，可耐受频繁启停等工况，提高加热器安全性及使用能效。

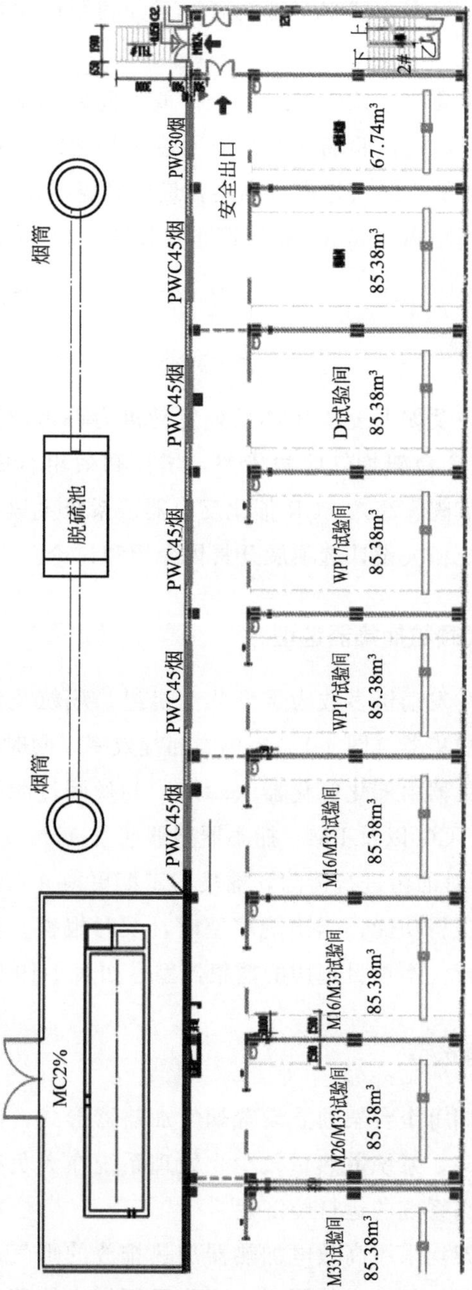

烟筒
烟筒
脱硫池
MC2%
PWC30烟
PWC45烟
PWC45烟
PWC45烟
PWC45烟
PWC45烟
安全出口
67.74m³
85.38m³
D试验间
85.38m³
WP17试验间
85.38m³
WP17试验间
85.38m³
M16/M33试验间
85.38m³
M16/M33试验间
85.38m³
M26/M33试验间
85.38m³
M33试验间
85.38m³

图 4-11 排气筒布置图

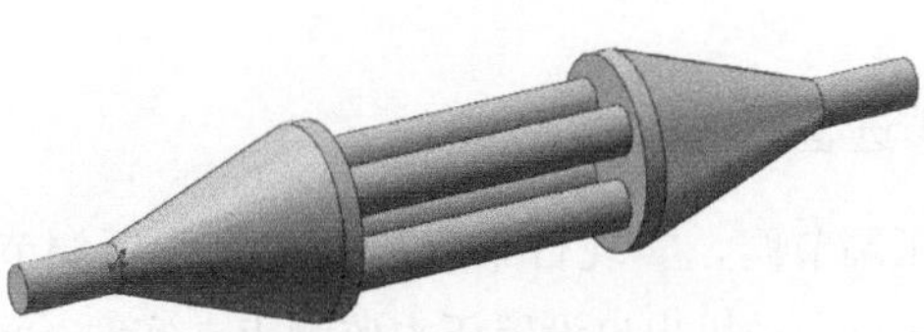

图 4-12　组合式颗粒捕集器

表 4-19　组合式颗粒捕集器选型表

指标	参数
芯体(单个)	D330×H305
数量(套)	11
安装方式	发动机出口处
DOC 催化剂	铂(Pt)
适用介质	含 PM(颗粒物)、油污等污染气体
运行温度	≤400℃
运行温降	≤30℃
还原剂影响	无影响
再生方式	离线返厂再生

加热器外形及设计图如图 4-13 所示。

(a) 外形图

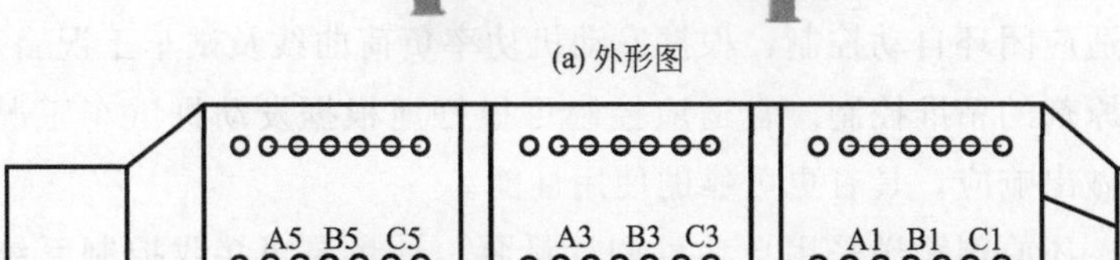

(b) 设计图

图 4-13　加热器外形图及设计图

4.2.3.3 背压调节阀选型

通过安装背压调节阀，实现台架背压要求。背压调节阀选用耐高温电动调节形式。通过在试车发动机出口设置压力监测点，实时检测发动机试车出口排烟压力，反馈信号通过 PLC 调整阀门开度。背压调节阀选型参数如表 4-20 所示。

表 4-20 背压调节阀选型参数

指标	参数
规格	电动调节闸阀
材质	不锈钢 304
适用介质	水、气、蒸汽、泥浆、油品各种腐蚀介质
温度	500℃
密封形式	硬密封
现场条件	电源 220V

4.2.3.4 SCR 系统选型

为满足 NO_x 浓度从 2500mg/m^3 降至 45mg/m^3 的严苛要求，需要对 SCR 系统进行优化，主要解决以下两个难题：a. 克服试车台架现场空间受限难题，实现小剂量还原剂喷射的精准控制；b. 烟气温度波动大且成分复杂，对 SCR 脱硝催化剂的温度适应性、抗污染能力提出较高要求。

(1) 还原剂系统控制

目前市场上在线监测系统普遍存在检测精度参差不齐，检测结果滞后等问题，待数据计算返回还原剂控制系统时，试车工况已发生变动，系统迟滞性较强，还原剂无法精准实现自动闭环控制功能。而本系统设计中还原剂喷射实现自适应闭环自动控制，根据发动机功率负荷曲线及试车工况自动调整，可实现还原剂的精准控制。自适应控制可很好地根据发动机试车工况及排放浓度及时做出响应，具有更可靠的使用性能。

此外，还原剂输送采用自动可调计量泵，计量泵可接收控制系统输出信号，根据整定喷射曲线，实现自动流量控制。同时，喷射系统采用高效雾化喷头，确保尿素溶液雾化良好，提高系统的热解效率。

(2) 催化剂选型

针对试车台架排放烟温波动大的难题，选用具有自主专利（CN

201110216666）的高效宽温区新型碱式铁基硫酸盐氧化物脱硝催化剂。常规脱硝催化剂温度窗口为300～420℃，温度窗口相对狭窄，低于300℃时活性显著下降，高于450℃时易烧结。与常规催化剂相比，该催化剂采用新型的活性组分和载体，拥有更高的活性和更长的使用寿命。根据不同配方形成系列产品，适用于不同温度范围（190～550℃）和空速范围（3000～15000h^{-1}）。催化剂活性高、选择性好，NO_x 综合脱除率可达98%以上。宽温区催化剂的应用可大幅降低系统对加热器功率及催化剂用量的要求，减少能源消耗（比常规催化剂可节能20%～40%），节约企业成本。

目前，催化剂已有实验数据与大量的实际工程经验，最大程度适应试车台架的实际状况。催化剂具体参数如表4-21所示。

表4-21　催化剂具体参数

指标			单位	参数
催化剂形式			/	蜂窝式
催化剂型号			/	SMXY-FE.26
孔数			/	26
总体积			m^3	20.7
脱硝效率			%	≥98.2
氨逃逸			mg/L	<3
化学寿命			h	>24000
机械寿命			h	>50000
空速			h^{-1}	12000
物理指标	使用温度	设计温度	℃	190～400
		最高温度	℃	550
		最低温度	℃	190

（3）反应器布置

本系统中单台反应器采用2+2布置，水平排放布置。其中，1～9号及12号台架采用独立SCR反应器，10号、11号和13号台架共用一台SCR反应器，反应器设计参数如表4-22所示。

表4-22　反应器设计参数

参数名称	参数	单位
材质	304	/

续表

参数名称	参数	单位
尺寸	1250×1250×2400(3个) 950×950×3200(7个) 1350×1350×3110(1个)	mm
反应器壁厚	3	mm
设计温度	190～450	℃
系统阻力	＜400	Pa
设计流速	5	m/s

这种布置方式优势如下：

a. 系统独立性强，当某一反应器出现故障时，不对其他试车台架造成影响。

b. 催化剂用量相比于集中处理时小。独立处理过程中反应器更接近发动机出口，温度较高，催化剂的效率会较温度低时有所增大，从而减少了催化剂的使用总量。

c. 系统加热电耗较少，相比于集中处理，电加热能耗可节约30%～40%。经济性好。

SCR反应器由不锈钢材质组成，在满足温度需要的同时，具有一定烟气磨损腐蚀裕量。反应器采用水平烟道模式，内部焊有催化剂支撑结构，能够承受内部压力、振动负荷、烟尘负荷和热应力等。壳体外部设有加强筋及保温层。

4.2.3.5 主风机选型

为满足工艺设计及试车需要，系统设置有主引风机系统。主引风机系统主要实现烟气系统正常运转并满足系统试车对背压的需求，耐高温风机如图4-14所示。

风机选型主要考虑了系统阻力、排烟温度等需求。为满足此次项目背压要求，风机选用高压头、耐高温（＞300℃）型风机。确保试车系统稳定运行。

高温风机采用多翼式单进离心叶轮，叶轮用耐高温金属制成，确保在高温及热应力作用下不发生变形及损坏。叶片依据空气动力原理设计，电机轴头上安装散热风叶，金属铸件的外壁上开设进、出水管接口，对金属铸件与轴头进行降温，确保电机在高温下正常运行。风机在出厂前，转动部件经严

图 4-14　耐高温风机

格的动、静平衡校正，确保风机运转平稳。

4.2.3.6　检测系统选型

试车烟气处理系统数据监控终端的功能是监测两个排气筒的烟气，其中包括烟气温度、NO_x 含量、SO_2 含量等。通过控制系统循环监测每根排气筒烟气数值，并将监测值传输到控制系统。为了实现对烟气参数的实时监测，本系统选择 CEMS 在线检测系统，并在终端设置超限报警功能，可对参数异常进行报警，强化了系统监控功能。

为了实现两根排气筒的快速采样分析，避免采样时间滞后，造成参数调整不及时，在每一路增设置换阀，置换阀与取样球阀同时工作，以 1 路采样为例，当采样开启时，1 路取样球阀打开，同时 2 路置换阀打开，采样泵和置换泵开始工作，不间断抽取烟气，单路采样时分析仪只分析 1 路的烟气，2 路置换的烟气直接排空，等 1 路分析完成后，通过取样球阀和置换阀的切换，达到快速采样，1 路到 2 路交替进行循环。

数据监控系统具备如下特点：

a. 直接分析原样气体，尽可能保持烟气物理和化学特性，样气具有代表性。

b. 反吹功能，取样探头及过滤器具有自动反吹扫功能；能对探头外表面和内部进行反吹，减少颗粒物附着，防止堵塞。

c. 系统可长期无人值守。

d. 监测仪表可为日常维护人员检修提供电信号，极大地方便了技术人员检修。

e. 采用电加热控温干法直接取样方式，辅助环节少，可靠性高，能真实反映烟气成分含量。

f. 采用 PLC 控制，自动化程度高，可采集系统的详细状态信息，用于数据有效性审核。

4.2.3.7 脱硫系统脱硫剂选型

由燃料燃烧产物分析结果可知，燃油中硫含量低，脱硫要求不高，结合试车系统现场条件及实际需求，故采用工艺简单的碱法（NaOH）脱硫。传统的石灰石-石膏法采用钙基脱硫剂吸收 SO_2 后生成的亚硫酸钙、硫酸钙，由于其溶解度较小，极易在脱硫塔及管道内结垢、堵塞。碱法烟气脱硫技术则克服了石灰石-石膏法的缺点，系统简单，运行操作便利，易于维护。

根据烟气含硫量和脱硫率等要求，布置了两层雾化喷嘴，通过严格控制雾化液滴直径、出口流速和喷射方向等，延长脱硫剂与烟气的接触时间和增强混合效果，提升整体脱硫效率。脱硫系统具备如下优点：

a. 系统具有很高的脱硫效率，最高可达 95%；

b. 对烟气量变化适应性强，在烟气工况 110%以下均能正常使用；

c. 系统阻力小，运行费用低；

d. 采用出口除雾技术，烟气含湿量符合排放要求；

e. 通过控制脱硫液的 pH 值，防止结垢和堵塞；

f. 设备利用率高，保证与试车系统同步运行；

g. 操作简便，维护方便，性能稳定。

4.2.3.8 除雾器选型

脱硫塔上部安装除雾器以分离烟气中夹带的雾滴，保证除雾器出口烟气含湿量不超过 $75mg/m^3$，除雾器为两级四通道平板式，一级粗除雾，一级精除雾。

第一级除雾器是一个大液滴分离器，叶片间隙稍大，用来分离上升烟气所携带的较大液滴。第二级除雾器是一个细液滴分离器，叶片距离较小，用来分离上升烟气中的微小浆液液滴和除雾器冲洗水滴。烟气流经除雾器时，液滴由于惯性作用，留在挡板上。由于滞留液滴中含有固态物，因此挡板上有结垢的风险。为保证除雾器的压降不超过设定值，须定期进行在线清洗。方案中设置了定期运行的清洁设备，由冲洗水泵采用工业水冲洗。冲洗水同时补充吸收塔中的水分蒸发损失。

除雾器具有良好的去除雾滴效果，可保证脱硫后的烟气匀速通过，防止二次携带或除雾器堵塞。

4.2.3.9 控制系统选型

现场控制脱硝系统选用 PLC，脱硫系统采用上位机模式。控制系统可对净化设备实现远程控制，集中整合排放参数及其他各项指标，实现自动调整工作状态等功能。此外，控制系统与试车台架通过通信连锁，可控制处理设备与试车台架同步启停，并在设备非正常运行时发出报警信号，提示操作人员处理。控制系统采用施耐德、西门子等国外电子品牌，产品可适应潮湿、高温、灰尘等环境。

脱硝和脱硫控制系统分别如图 4-15（a）和图 4-15（b）所示。

4.2.4 系统调试

为指导“博杜安试车尾气治理工程”项目调试，确保试运行安全，提高调试质量，合理控制工期，协调各方关系，高质量完成调试工作，并使参加运行工作的各方对运行过程及要求有较全面的了解，特制订本调试方案。

整套尾气处理系统在安装完毕并完成单体、分系统试运行后，将通过热态调试和连续试运行工作，对设计、施工和设备质量进行全面核验。

通过调试调整尾气处理各系统及各设备的运行状态，使得系统以最经济的状态满足脱硫脱硝和除尘要求，检验整套处理系统是否达到设计和合同规定的技术指标。通过调试后能获得：

a. 处理系统的热态运行投运和启停方法；

b. 各个运行参数对脱硫脱硝及除尘效果的影响；

c. 摸索尾气处理系统最佳运行方式。

连续试运行保证整套系统能安全顺利启动并移交生产，发现并解决系统可能存在的问题，使之投产后能安全稳定运行，为环保作贡献。

调试工作方针：以安全文明生产为基础；以提高调试质量为核心；严格控制调试工期；坚持团结协作、统一指挥的原则，确保试运安全、优质、按期完成。

调试任务：通过调试使设备、系统达到设计最优运行状态，装置各参数、指标达到设计保证值，使整套尾气处理装置顺利移交生产。

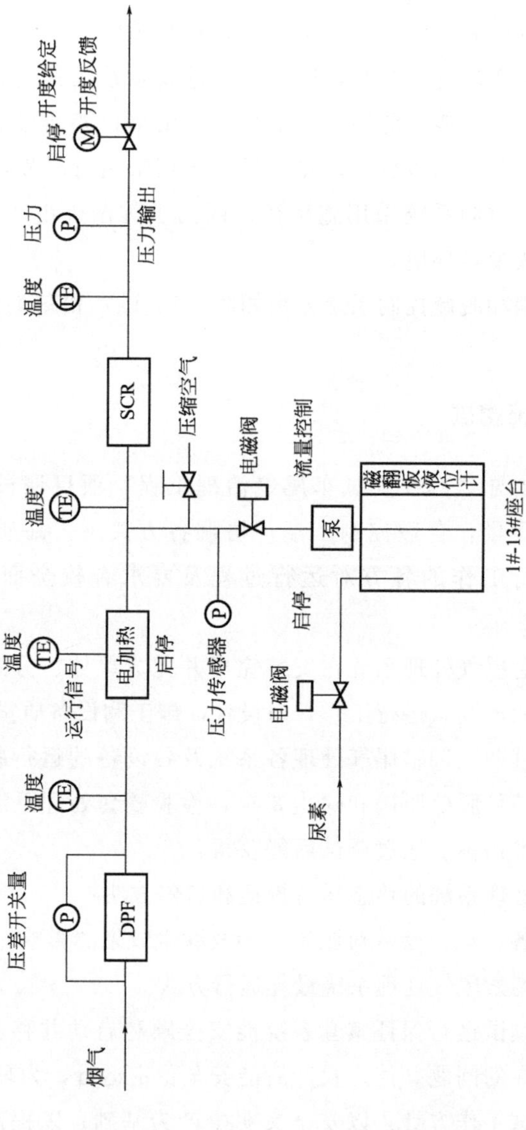

烟气
压差开关量
DPF
温度
运行信号
温度
电加热
启停
压力传感器
温度
SCR
压缩空气
电磁阀
流量控制
泵
磁翻板液位计
1#-13#座台
启停
电磁阀
尿素
温度
压力
压力输出
启停
开度给定
开度反馈

(a) 脱硝系统控制图

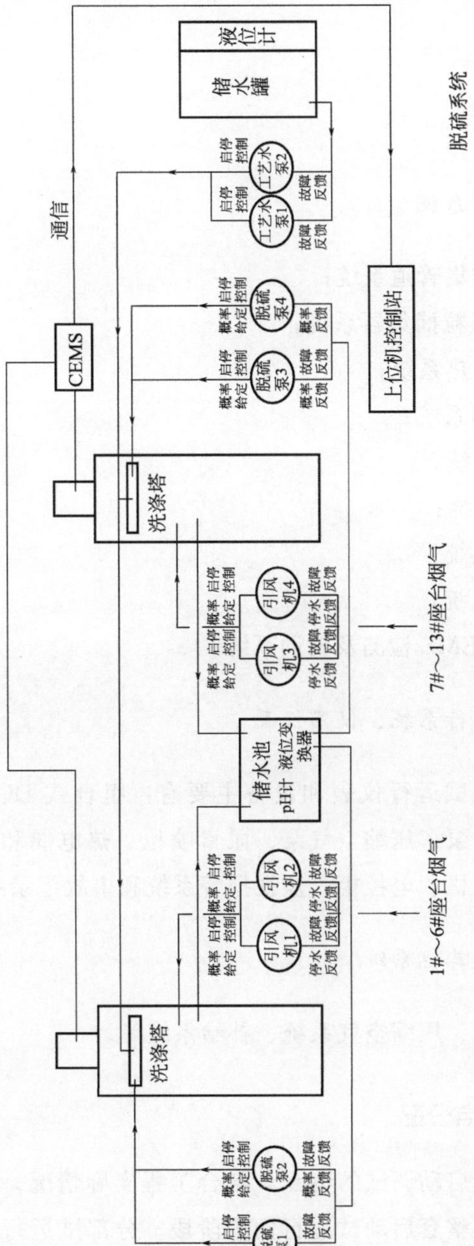

(b) 脱硫系统控制图

图 4-15 系统控制图

调试程序：根据工程特点安排先进行电气系统和DCS控制系统调试，然后进行设备单体调试和分系统调试，最后进行整套启动试运行以及连续整套试运行。

4.2.4.1 调试系统

(1) 工艺系统

a. 烟气收集管道系统；
b. 组合颗粒捕集器系统；
c. 烟气加热系统；
d. 还原剂系统；
e. 脱硝系统；
f. 风机系统；
g. 脱硫系统；
h. 电控系统；
i. 其他CEMS检测及辅助系统。

(2) 试运行系统、仪器仪表

本次调试试运行仪表和设备主要有：组合式DOC+丝网过滤器、加热器、尿素计量泵、压缩空气泵、尿素喷枪、热电偶和温度传感器、压力和压差传感器、风机、电控柜、监视报警系统和事故记录系统。

(3) 所投其他系统

保温系统、压缩空气系统、补给系统等。

4.2.4.2 调试节点分配

根据装置启动调试的特点，结合工程实际情况，本工程项目的调试分为分部试运行和整套启动试运行两个阶段。分部试运行包括设备单体试运行和分系统试运行。整套启动试运行包括整套启动调试、系统优化、连续试运行。装置在完成试运行检测合格后，移交生产运行。调试阶段需要控制的节点流程如图4-16所示。

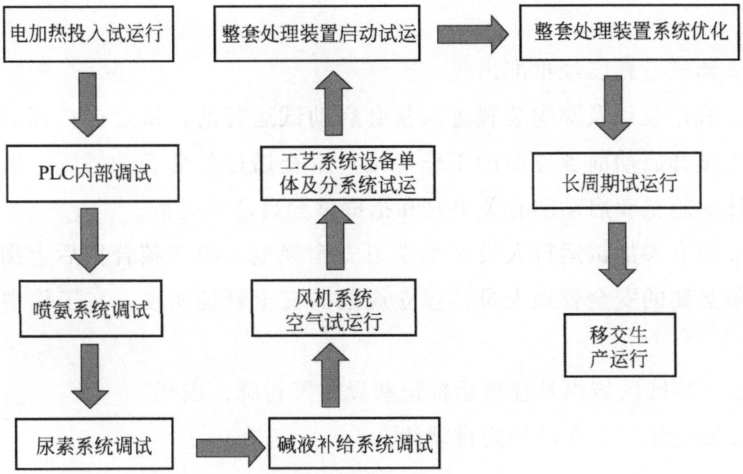

图 4-16　调试节点流程图

4.2.4.3　尾气治理装置试运行

(1) 处理装置启动试运行条件

a. 所有安装工作基本结束，验收合格。

b. 所有土建工作均已基本结束，验收合格，交付使用。

c. 消防设施验收合格，已经投入使用。

d. 照明、通信系统安装和调试完毕，投入运行。

e. 试运行区域内道路和通道畅通，已经验收合格投入使用。

f. 调试所需临时设施、系统、设备、测点、材料已准备完毕。

g. 生产准备已经完成，各种运行记录表格准备齐全。

h. 运行人员上岗培训结束，考核合格方可上岗操作。

i. 仪器仪表调试完毕，验收合格，满足调试启动要求。

g. 热工控制系统基本调试完毕，投入运行。

k. 厂内、外排水设施能正常投运，沟道畅通，沟道及孔洞盖板齐全。试运行范围的工业、生活用水系统和卫生、安全设施已投入正常。

l. 环保、职业安全卫生设施及监测系统已按设计要求投运。

m. 参加调试各方已配备足够、合格的人员，有明确的岗位责任制和分工。

n. 已成立启动试运行组织机构，参加试运行的单位分工明确，人员配备齐全。

o. 调试措施已经批准出版。

p. 脱硝脱硫及除尘装置进入整套启动试运行前，试运行指挥部听取和检查有关整套启动前各方面的工作汇报，审查通过整套启动措施，整套试运行组具体实施整套启动的有关事宜和指挥整套启动试运行。

q. 所有参加试运行人员必须学习安全规范，经考核合格后上岗。根据要求配备必要的安全管理人员，建立规范的安全管理制度，在工作中遵守安全条例。

r. 在特殊区域内悬挂警示标记和设立警告牌、围栏。

s. 安全保卫工作已经安排就绪。

(2) 整套系统调整试运行

SCR 的调整试运行分为单台架试运行和整套调整试运行。

(3) 单台架调整试运行

基本程序：单个设备调试——系统加热投入运行——尿素喷射装置可以正常喷射。

(4) 整套系统分系统试运

a. 烟气加热系统；

b. 还原剂系统；

c. 脱硝系统；

d. 风机系统；

e. 脱硫系统；

f. 电控系统。

4.2.4.4 整套启动调整试运行

(1) 整套处理系统试运行方案

整套系统启动试运行前应具备的条件：

a. 背压阀与压力传感器信号交换系统投入，联锁保护正确，具备投入条件；

b. 加热器与报警信号交换系统投入，联锁保护正确，具备投入条件；

c. 烟气系统清理干净，各系统、设备的人孔和检修孔等封闭，系统严密；

d. 烟气系统及相关的热工测点安装、调校完毕，具备投入条件；

e. 烟气系统各阀门、挡板安装调试完毕；

f. 尿素储备系统投入，原料准备好；

g. 尿素喷射系统具备投入条件；

h. 测量系统具备投入条件；

i. PLC 控制、保护调试完毕，具备投入条件；

j. 消防、防护系统投运正常；

k. 通道畅通，现场清洁；

l. 照明投入，符合试运行要求。

(2) SCR 系统启动试运行

① SCR 系统试运行

a. 电气系统投入。

b. 加热器投入，反应器预热。催化剂应控制温升速度在 5℃/min 以内，反应器温度大于 150℃时，SCR 催化剂的升温速率极限为 10℃/min，升温速率一旦接近极限制值时，对加热器进行调整，降低升温速率。

c. 各热工仪表、联锁保护投入。

d. 发动机试车启动。随着发动机试车启动，热烟气进入烟道后，反应器温度将逐渐升高，整套系统无法控制升温速率，SCR 的升温速率极限为 10℃/min，温升速度一旦接近极限制值时，打开混风阀进行调整，降低升温速率。

e. SCR 温度达到 300℃，启动喷氨系统。

f. 投入喷氨自动，PLC 将根据脱硝效率自动调节供氨量。

g. 碱液喷淋装置启动，自动补水泵启动。

h. 检查各参数、设备、系统状态。

② SCR 系统停止

a. 解除喷氨自动；

b. 停止喷氨系统；

c. 停止碱液循环系统；

d. 停止加热系统；

e. 待发动机停止试车，关闭风机。

③ SCR 系统优化

a. 反应器烟气流速均匀性优化；

b. 氨气喷入量优化。

4.2.4.5 长周期试运行

SCR 装置系统优化完成，脱硝装置达到长周期试运行条件，进入整套试运行。

长周期试运行必备条件如下：

a. 完成带负荷调试和系统优化试验；

b. 各系统满负荷运行；

c. 脱硫脱硝除尘系统各项指标达到合同设计值；

d. 热控自动装置投入率 100%；

e. 热控保护投入率 100%；

f. 热控仪表投入率 100%；

g. 发动机试车尾气量应达到 SCR 设计满负荷要求；

h. 电气设备系统已全部投入运行。

4.2.4.6 移交

当长周期试运行结果达到设定的排放指标后，可以移交生产运行。

4.2.5 运行结果

对潍柴动力博杜安工厂系列试车台架进行尾气净化处理，应用“组合式颗粒捕集器＋SCR＋湿法脱硫”综合处理技术，达到了柴油机试车尾气净化的目的。经过三个月的运行，系统表现出较好的稳定性，新型催化剂的脱硝效率在宽烟温范围内保持稳定高效，检测结果如图 4-17 所示。

运行检测结果显示，颗粒物排放浓度为 2.7mg/m^3，SO_2 排放未检出（检测限 3mg/m^3），NO_x 排放浓度为 33mg/m^3，检测结果均达到设计要求。

检测结果报告单

<table>
<tr><td>检测类别</td><td colspan="6">有组织废气</td></tr>
<tr><td>采样日期</td><td>2020. 03. 02</td><td>样品状态</td><td>固态</td><td colspan="2">完成日期</td><td>2020. 03. 07</td></tr>
<tr><td>设备名称</td><td>博杜安工厂试车尾气处理系统1号排气筒</td><td colspan="2">设备运行状况</td><td colspan="3">正常</td></tr>
<tr><td>主要燃料</td><td>—</td><td colspan="2">净化方式</td><td colspan="3">SCR脱硝+DOC过滤器除尘+湿法脱硫</td></tr>
<tr><td>测点截面积</td><td>0.6362m²</td><td colspan="2">排气筒高度</td><td colspan="3">18m</td></tr>
<tr><td>检测点位</td><td>检测项目</td><td colspan="2">样品编号</td><td>标干流量/(m³/h)</td><td>检测结果/(mg/m³)</td><td>排放速率/(kg/h)</td></tr>
<tr><td rowspan="3">排气筒检测孔</td><td>颗粒物</td><td colspan="2">HJ03007001-HJ03007004</td><td rowspan="3">17301</td><td>2.7</td><td>0.05</td></tr>
<tr><td>二氧化硫</td><td colspan="2">—</td><td>ND</td><td>—</td></tr>
<tr><td>氮氧化物</td><td colspan="2">—</td><td>33.0</td><td>0.57</td></tr>
<tr><td colspan="7">本栏以下空白</td></tr>
<tr><td>备注</td><td colspan="6">ND表示未检出</td></tr>
</table>

图 4-17　检测结果

参考文献

[1] 李思远，王瑢璇. 柴油车 NO 生成机理 NO_x-N_2O 协同优化控制策略 [J]. 汽车实用技术，2018，44(11)：105-106.

[2] 唐韬，张俊，帅石金，等. 柴油机后处理系统 N_2O 排放特性的试验研究 [J]. 汽车工程，2014，36(10)：1193-1196.

[3] 黄文伟，孟凡生. 柴油发动机尾气后处理技术的发展 [J]. 内燃机，2010(4)：1-4.

[4] 翟步英，刘奇，潘雄. 柴油车尾气净化催化剂发展趋势 [J]. 材料导报，2011，25(18)：418-421。

[5] 金其奇，谢峻林，李凤祥，等. 涂层组分对堇青石脱硝催化剂性能的影响 [J]. 化工进展，2019，3(38)：1411-1418.

[6] 侯健，朱林，姚杰，等. 商用蜂窝式 SCR 脱硝催化剂产品性能分析 [J]. 工业安全与环保，2018，44(5)：5-8.

[7] 任雯，赵博，禚玉群，等. $FeSO_4$ 催化剂模块的制备及对其脱硝性能影响的研究 [J]. 环境科学学报，2010，30(7)：1345-1351.

[8] 任雯，赵博，禚玉群，等. Na Y 分子筛担载 $FeSO_4$ 催化剂用于氨气还原 NO_x 的性能 [J]. 化工学报，2011，62(2)：362-368.

[9] Ren W，Zhuo Y Q，Lei J Y，et al. A study on NO reduction by ammonia via $FeSO_4$ catalyst [C] //The 6th International Symposiumononon Coal Combustion. Wuhan，China，2007：967-972.

[10] 楼狄明，谭畅，谭丕强，等. DOC + CDPF + SCR 对轻型柴油机排放特性的影响 [J]. 车用发动机，2019(2)：16-21.

[11] 冯刚，王奉双，毛伟. 国Ⅴ柴油机 SCR 系统结构对尿素结晶影响研究 [J]. 车用发动机，2017(6)：65-70.

[12] 唐韬，赵彦光，华伦，等. 柴油机 SCR 系统尿素水溶液喷雾分解的试验研究 [J]. 内燃机工程，2015，36(1)：1-5.

[13] 吴超. 净化柴油机尾气 NO_x 集成式 SCR 供给系统开发 [J]. 内燃机，2014，(4)：16-19.

[14] 张凡，李昂，于津涛，等. 重型发动机氨排放特性的台架试验研究 [J]. 车用发动机，2019(1)：47-52.

[15] 石代龙，傅松，白书战，等. 重型柴油机 SCR 催化器优化设计和试验研究 [J]. 车用发动机，2018(5)：65-70.

第5章

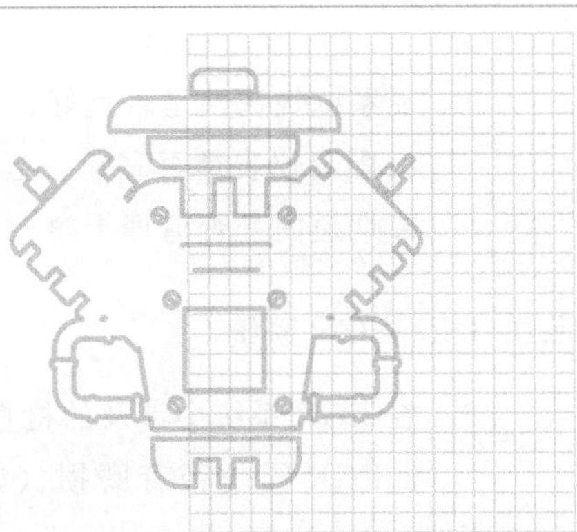

试车台架尾气治理系统的运行及保养

本章主要介绍了试车台架尾气治理系统运行中开机前各个设备的检查以及潍柴动力二号厂和博杜安项目的运行流程。着重介绍了系统中各个设备的保养和维护，旨在可以延长系统的使用寿命。

5.1 ▸▸ 试车台架尾气治理系统运行

5.1.1 开机前检查

安全生产，预防为主，通过开机前的安全检查，可以有效排除各种安全隐患，确保整套工艺系统高效稳定运行。目前，柴油机试车台架尾气治理系统中主要涉及的有烟气管道系统、废气再循环（EGR）系统、催化氧化器（DOC）系统、颗粒捕集器（DPF）系统、加热器系统、SCR脱硝系统、风机系统、脱硫系统、电控系统等。下文将对各系统及各设备的开机前检查工作展开描述。

5.1.1.1 烟气管道系统

在烟气管道系统中涉及的检查事项主要有：

a. 管道是否完整无损坏。

b. 各路管道（如检查口、膨胀节及旁路烟道）连接是否正常，管道阀门是否处于开启状态。

c. 系统气密性是否良好。

d. 配套仪表是否完好，是否与电控系统连接正常。

e. 烟道内是否清理干净。

5.1.1.2 EGR系统

在EGR系统中涉及的检查事项主要有：

a. EGR阀是否有磨损（如阀门是否脏堵，膜片是否破损），阀门是否开启。

b. EGR阀各类传感器（如位置传感器、转速传感器、水温传感器）是否断路或短路，传感器与ECU连线是否导通，信号输出是否正确等。

c. 配套电路系统是否连接正确，保险有无损坏，主继电器是否工作正常；检查离合器开关在离合器不工作时是否闭合，离合器工作时是否断开。

d. 真空泵是否完好，真空度是否正常（固定系统下，正常情况下真空度为定值时）；真空管路是否有破损，连接是否正常。

5.1.1.3 DOC系统

在DOC系统中涉及的检查事项主要有：

a. 系统设备是否完整无损坏。

b. 管道连接顺序是否正确，管道阀门是否处于开启状态。

c. 系统气密性是否良好。

d. 温度和压力检测仪表是否完好，是否与电控系统连接正常。

5.1.1.4 DPF系统

在DPF系统中涉及的检查事项主要有：

a. DPF设备是否完整无损坏。

b. 管道顺序是否连接正确，管道阀门是否处于开启状态。

c. 系统气密性是否良好。

d. 各类传感器（如空气流量传感器、废气压力传感器、过滤器前的温度传感器）是否完好，是否与控制系统连接正常。

5.1.1.5 加热器系统

在加热器系统中涉及的检查事项主要有：

a. 加热设备安装是否正确，外形是否完整无损坏，线路是否连接正确。

b. 温度传感器是否完好，是否与控制系统连接正常，信号输出是否正常。

c. 加热程序设定是否正确。

d. 室外安装时，是否安装防雨罩或其他防雨设备。

5.1.1.6　SCR 脱硝系统

SCR 脱硝系统复杂，根据设备主要分为尿素系统、喷射系统、SCR 催化器系统、传感器系统以及阀门系统等。开机前需要对各系统及配套设备进行检查。

(1) 尿素系统

在尿素系统中涉及的检查事项主要有：

a. 尿素储罐外形是否完好，尿素溶液是否充足，液位是否正常，储罐出口管道阀是否正常开启。就地时可观察尿素储罐的液位计翻板，观察其显示的高度，当液位低于 500mm 时应及时补充尿素溶液。远程时可观察控制柜液面的液位显示参数，观察其参数当小于 500mm 时应及时补充尿素溶液。

b. 尿素管道是否连接正确，有无跑冒滴漏现象，管内放空气阀是否排空。

c. 尿素泵是否完好，连接部位是否良好，有无松动，压力显示是否正确，润滑油位是否正常。

d. 尿素加热系统是否连接正常，加热程序是否正确。

(2) 喷射系统

在尿素喷射系统中涉及的检查事项主要有：

a. 系统管线是否存在泄漏现象。

b. 喷嘴连接处是否有跑冒滴漏现场。

c. 压缩空气是否投入正常，压力显示是否正常。

d. 喷嘴有无损坏，是否存在堵塞现象。

(3) SCR 催化器系统

在 SCR 催化器系统中涉及的检查事项主要有：

a. 催化器是否完好，催化剂是否安装正确，气密性是否良好。

b. 入口导流板是否安装正确，烟气流动是否均匀、稳定。

c. 系统通流是否正常，反应器有无异常振动。

d. 反应器出入口温度测点是否正常。

e. 反应器出口烟气分析装置是否投入正常。

f. 试车台架有无影响系统投运的状况。

(4) 传感器系统

在SCR系统中主要涉及的传感器有尿素计量泵内的传感器、液位传感器、催化器上游和下游温度传感器以及 NO_x 传感器。该系统涉及的检查事项主要有：

a. 各类传感器有无损坏，与控制柜连接是否正确。

b. 传感器与电控元件或连接电路是否断路或短路。

c. 传感器安装位置是否正确。

d. 传感器信号输出是否正常。

(5) 阀门系统

在SCR系统中涉及各式各样的阀门，阀门能否正常开启直接影响系统运行的成败，因此在开机前需要仔细检查各阀门的开启和关闭状态，确保系统正常运行。各阀门状态涉及的检查情况如下：

a. 尿素储罐出口阀门是否开启。

b. 尿素泵前后阀门是否开启。

c. 各喷枪阀门是否开启。

d. 各管路压缩空气阀门是否开启。

e. 电气调节阀阀门开度是否为零（运行时应有示数）。

f. 稀释泵阀门是否开启。

g. 各排污管路阀门是否关闭。

5.1.1.7 风机系统

风机系统启动前主要的检查项目有：

a. 风机外观是否完整，连接是否可靠，转动安全罩是否安装好，有无破损或松动现象。

b. 电动机接线是否良好，测绝缘是否合格。

c. 相关表计是否投运正常。

d. 设备本体是否可靠接地。

e. 紧急事故按钮功能是否正常。

f. 输送泵是否启动，泵体是否充满水，泵润滑油位是否正常，泵体连接部位是否良好，无松动现象。

g. 电气电路接线是否良好。

h. 泵体、电机振动、温度等参数是否显示正常。

i. 泵出口压力是否正常。

5.1.1.8　脱硫系统

传统的火电厂或锅炉等脱硫系统工艺复杂，涉及的设备也较多。然而，在发动机试车台架尾气治理系统中，目前国Ⅴ标准以及国Ⅵ标准的柴油硫含量一般较少，采用简单的碱式湿法脱硫工艺（或无需脱硫设备）即可完成脱硫目标，因此系统相对简单。在该系统中，启动前主要的检查项目有：

a. 脱硫塔是否安装正确，气密性是否良好。

b. 工艺水罐液位是否正常，碱液池液位是否正常。

c. 冷却水是否通畅，有无跑冒滴漏现象。

d. 脱硫液循环泵开启后是否运转正常，有无异响、漏油情况。

e. 就地显示仪表、变送器、传感器工作是否正常，初始位置是否正确。

f. 就地控制盘及所装设备工作是否良好，指示灯试验是否合格。

g. 管道、罐体是否完好，连接是否正确。

h. 烟道、池、罐、仓、吸收塔等内部是否清扫干净、无残留物，各人孔门、检查孔检查后是否严密关闭。

i. 压力、压差、温度、液位、料位、流量、浓度及 pH 计测量装置是否完好，工作是否正常。

j. 所有机械、电气设备的地脚螺丝是否齐全牢固，防护罩是否完整。

5.1.1.9　电控系统

电控系统的功能是实现对整体试车台架尾气治理的控制，实现整个脱硫脱硝以及脱除颗粒物系统内设备部件协同运行和自动控制，保证系统高效节能运行，通常选用 PLC 控制或 DCS 控制。在该系统中，启动前主要的检查项目有：

a. 控制柜各个电气元器件电路是否异常，控制线有无脱落现象。

b. 控制箱内电源闸是否处于闭合状态，各用电设备通电后是否正常运转。

c. 控制设备和仪表是否可靠，各组态参数是否正确，测量显示及调节动作是否正常。

d. 信号显示灯是否正常。

e. 报警装置校验是否存在异常。

5.1.2 系统操作流程

目前，柴油发动机试车台架尾气治理的研究主要通过模拟工况或小试试验来考察各种因素对柴油机排放特性的影响，而实际工况下试车台架的尾气治理工程应用却鲜有报道[1-6]。因此，本章节结合前期开展的具体工程项目（潍柴动力二号厂试车烟气治理工程项目和博杜安及高端系列发动机生产基地出厂试验废气处理项目）对试车系统尾气治理操作流程展开具体描述。

5.1.2.1 潍柴动力二号厂系统操作流程

（1）项目概述

潍柴动力二号厂28台试车台架发动机尾气（烟气）治理工程采用DPF+SCR+湿式碱法的工艺技术路线来实现净化目的。烟气通过集中收烟、分组处理，东、西各14个台架分别进行脱硫脱硝和脱除颗粒物。其中，设置2套反应器和脱硫塔，2台脱硝反应器分别位于东、西两侧试车车间二楼；2座脱硫塔中南塔处理试车车间西侧烟气，北塔处理东侧烟气，2套设备共用1套还原剂供应系统。28台试车台架脱硝脱硫系统的设计、制造、安装、调试、试运行等应符合相关的国家、行业、地方的标准和规范。尾气治理工艺流程图如图5-1所示。

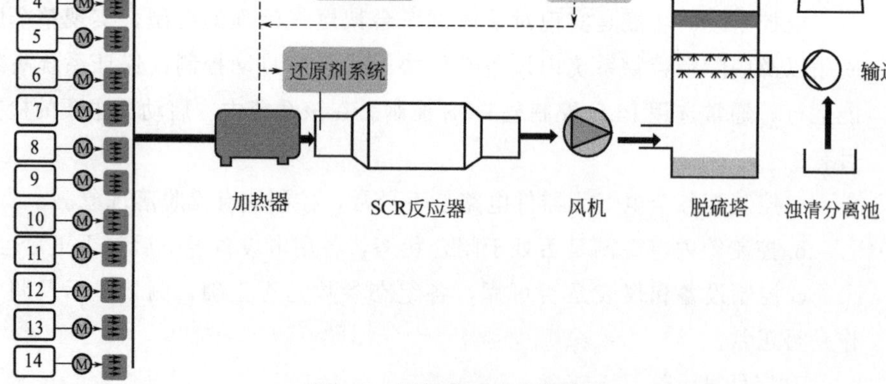

图5-1 尾气治理工艺流程图

(2) 操作流程编写依据

本项目操作流程中所涉及的相关设备的安装、应用及化学品存储和使用都严格按照行业标准来进行，具体如下：

DL/T 5047—95《电力建设施工及验收技术规范（柴油发动机试车机组篇）》；

GB 50160—2008《石油化工企业设计防火规范》；

GB 13690—92《常用危险化学品的分类及标志》；

DL/T 5054—2016《火力发电厂汽水管道设计技术规定》；

GB 50268—2008《给水、排水管道工程施工及验收规范》；

GB 50727—2011《工业设备及管道防腐蚀工程施工质量验收规范》；

GB 6944—2012《危险货物分类和品名编号》；

GB 12268—2012《危险货物品名表》；

YB 9070—2014《冶金行业压力容器设计管理规定》；

GBZ 2.1—2019《工作场所有害因素职业接触限值》；

GB 12348—2008《工业企业厂界噪声排放标准》；

GB J87—85《工业企业噪声控制设计规范》；

DL 5027—2015《电力设备典型消防规程》；

GB/T 2440—2017《尿素》；

GB 50236—2011《现场设备、工业管道焊接工程施工规范》；

GB 50126—2008《工业设备及管道绝热工程施工规范》；

DL 5009.1—2014《电力建设安全工作规程（第1部分：火力发电）》；

《火电工程启动调试工作规定》建质［1996］40号；

《火电工程调整试运质量检验及评定标准》建质［1996］111号；

《火力发电厂基本建设工程启动及竣工验收规程》电建［1996］159号；

《环境工程设计手册·废气污染控制卷》；

《三废处理工程技术手册·废气卷》；

《废气处理工程技术手册》；

建设单位提供的相关设计参数及要求；

实际工程案例和相关实验数据。

(3) 适用范围

操作流程是为了指导运行人员正确运行尾气净化系统而编制的，具体内容包括：潍柴动力股份有限公司二号厂柴油发动机试车车间1～28号试车台架柴油发动机尾气脱硝脱硫装置的运行、监控以及日常维护项目要求，适用于二号厂所有柴油发动机尾气脱硝脱硫运行人员。为了确保系统安全稳定运行，所有参与柴油发动机尾气脱硝脱硫运行人员必须熟练掌握运行调整、设备启停以及安全规程等。

(4) 操作流程

按照设备功能可将二号厂尾气净化系统分为风机系统、脱硝系统和脱硫系统。其中脱硝系统分为反应区系统和还原剂（尿素）系统。在确保开机检查无误后，即可进行系统的启停操作，具体如下所述。

① 开机操作

a. 开启南北两侧主开关，开启主风机、PLC控制柜、烟气分析仪、开启循环泵、脱硫泵。

b. 开启东西侧主开关，风机控制柜送电，检查电源指示，启动1～28号风机，检查风机运行频率，检查风机运行声音，确保风机启动无异常。

c. 开启A区、B区加热开关。开始催化剂升温，将A区温度设定为210℃，B区设定为300℃，待催化剂入口温度达到210～220℃之间，催化剂出口温度达到180℃时，开始投入尿素。注意电加热丝温度以及电流。

d. 待到达反应器温度区间，喷尿素，检测烟气分析仪数据。

② 正常运行

在系统正常运行时，为防止突发事件，应当每2h巡视一次，认真检查系统，并做好记录，具体事项如下：

a. 检查烟气分析仪结果是否达标，并根据反馈数据及时调整相关参数。

b. 检测各个仪表是否显示正常、稳定，观察记录加热器温度、电流，风机频率、尿素流量是否在正常范围内。

c. 检查烟道温度是否异常，防止漏风。

d. 检查循环泵、尿素泵是否正常工作。

e. 检查各管路有无跑冒滴漏现象。

③ 停机操作

a. 关闭尿素泵，停止投加尿素。

b. 缓慢降低加热丝设定温度，关闭A区、B区加热开关。

c. 关闭循环泵，关闭烟气分析仪。

d. 待所有台架完全停止工作，关闭1～28号台架风机。

e. 关闭主风机。

f. 关停烟气分析仪、PLC 控制柜。

(5) 系统运行和调整

在系统运行过程中，应根据工况负荷及相应参数的变化，对系统做出适当调整和优化，具体内容如下。

a. 监视有关警报提示：对系统实时跟踪，检查是否发出指示异常的警报(烟温过低或过高、出口 NO_x 不达标、加热丝温度过高、颗粒捕集器压差报警、碱液 pH 报警)，报警系统是否正常，报警声光指示是否工作。

b. 监视有关仪表指示是否正常：定时检查尿素泵压力是否超过 0.4MPa，烟气温度是否在反应区，各部位烟气温度是否处于正常范围。

c. 监视整个系统各自动装置是否在自动运行，各设定值是否正常。

d. 检查脱硝装置进出口烟气的 NO_x、O_2 分析仪，试样采集是否正常。

e. 检查脱硫液是否需要补充，喷头是否堵塞，脱硫液 pH 值是否在合理范围，是否需要添加氢氧化钠。

f. 尿素加注：观察尿素罐 A 和尿素罐 B，当液位计低于 0.5m 时，应及时补充，尿素溶液（质量分数为 32.5%）外购，采用吨箱形式运送到现场，通过手持式转运泵注入尿素罐 A 和 B。尿素用量根据试车情况来定，正常生产每月采购约 7m^3 尿素溶液。

g. 脱硫碱液配制及加注：脱硫系统采用碱法脱硫，其中碱液为 10% 的 NaOH 溶液，配制方法如下所述。

碱液罐中投注 230kg NaOH，碱液罐加水至液位 1.7m，搅拌混合均匀即可。当脱硫池中溶液 pH 小于 9 时，为保证脱硫池溶液 pH 值为 10～11，需要额外加注一定量碱液。

由于碱液有较强的腐蚀性，因此配制和加注碱液时须佩戴防护用具（防护服、护目镜），防止碱液灼伤、蒸汽烫伤。

值得注意的是，现阶段试车油品为国Ⅵ排放燃油，油品中硫含量较低，试车尾气中 SO_2 排放满足环保标准，因此尾气治理系统中可以暂不需要脱硫系统。

5.1.2.2 博杜安操作流程

(1) 项目概述

博杜安及高端系列发动机生产基地出厂试验废气处理项目是针对潍柴动

力股份有限公司博杜安工厂 13 个试车台架试车工艺中产生的尾气中 NO_x、SO_2、油污、炭黑及粉尘颗粒有害污染物进行治理。本项目设计出“组合式颗粒捕集器＋SCR＋湿法脱硫”的综合技术路线，采取单台处理的方式对烟气进行过滤、升温来达到脱除尾气污染物的目的。

试车台架尾气治理工艺流程如图 5-2 所示。

(2) 操作流程编写依据

本项目操作流程中所涉及的相关设备的安装、应用及化学品存储和使用都严格按照行业标准来进行，执行标准与二号厂尾气治理项目一致，故不再赘述。

(3) 适用范围

为指导“博杜安试车尾气治理工程”项目正常运行，确保系统安全高质量运行，并使参加运行工作的各方对运行过程及要求有较全面的了解，特制定本操作流程。操作流程适用于博杜安所有柴油发动机尾气脱硝脱硫运行人员。为了确保系统安全稳定运行，所有参与系统运行人员必须熟练掌握运行调整、设备启停以及安全规程等。

(4) 操作流程

系统说明：博杜安尾气净化系统 1～13 号台架分为两套处理系统，其中，1～6 号台架为一套，处理后烟气从西侧脱硫塔排出；7～13 号台架为另一套，处理后烟气从东侧塔排出。操作界面分为 1～6 和 7～13，两侧流程操作一致，下文以 1～6 号系统操作流程展开描述。整套系统的开启和关闭操作流程如下。

① 风机的开关操作流程

a. 预先开冷却循环水，右击冷却水泵（图 5-3 中标注部分），显示红色为运行。

b. 弹出对话框，左击 1＃启动按钮，启动冷却水泵，如图 5-4 所示。

c. 确认冷却循环水开启后，右击 2＃风机，如图 5-5 所示。

d. 弹出风机控制对话框，主引风机对应手动，主备切换对应备用，初始启动风机，手动频率设置为 30Hz，点击备用风机启动按钮，如图 5-6 所示，观察风机是否正常启动（观察流量和频率变化）。

关闭风机：与开风机顺序相反，点击风机弹出对话框，点击风机停止按

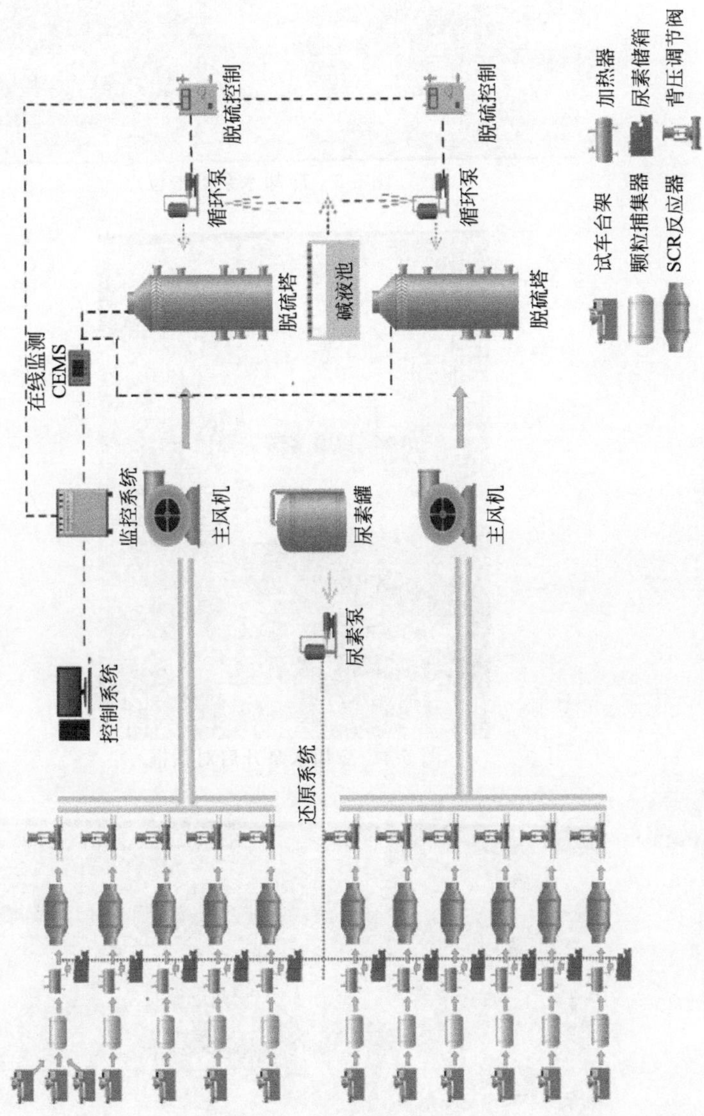

图 5-2　试车台架尾气治理工艺流程图

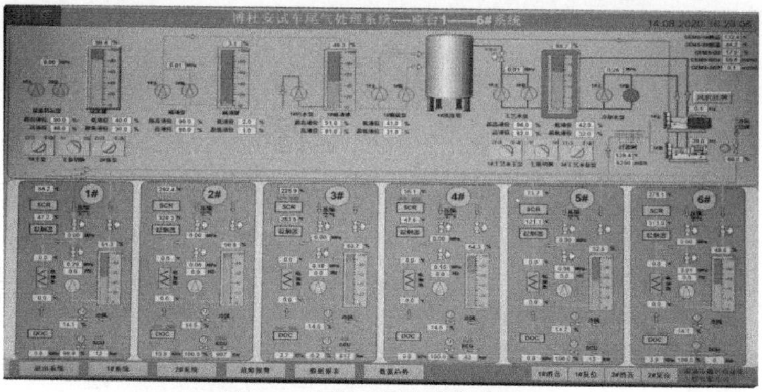

图 5-3 冷却水泵点击位点

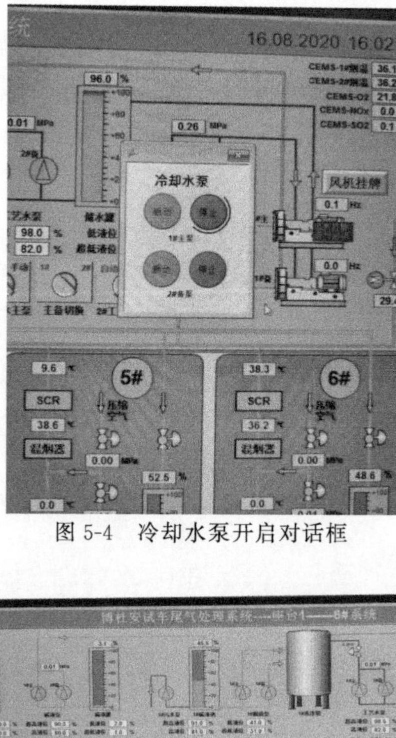

图 5-4 冷却水泵开启对话框

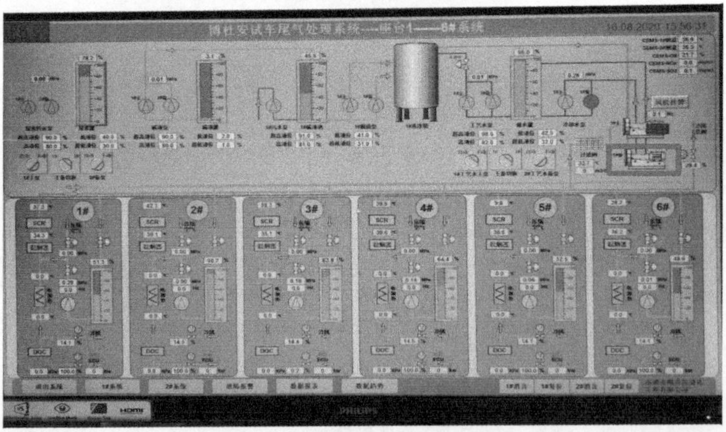

图 5-5 风机点击位点

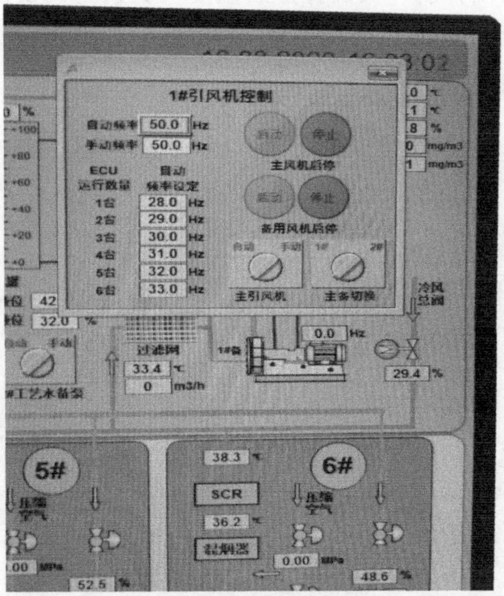

图 5-6　风机开启对话框

钮，然后关闭冷却循环水。

② 尿素泵开启

a. 点击尿素泵开关，如图 5-7 所示，弹出对话框。

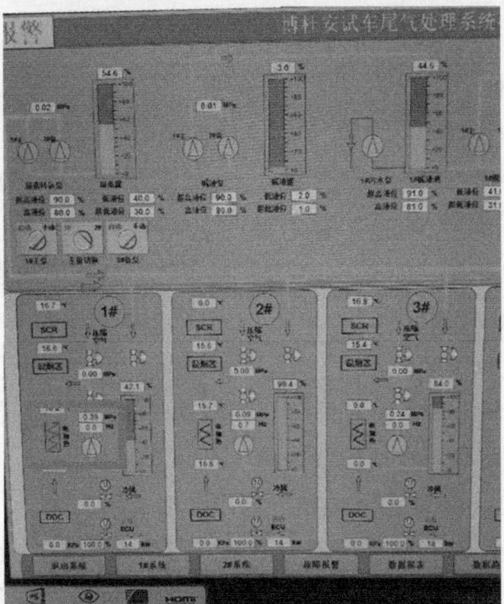

图 5-7　尿素泵点击位点

b. 确保为自动控制，仅设置开启温度（其余为调试设定最佳值，请勿更改），如图 5-8 所示，开启温度设置大于 270℃，当 SCR 温度大于 270℃时自动开启尿素喷射动作。

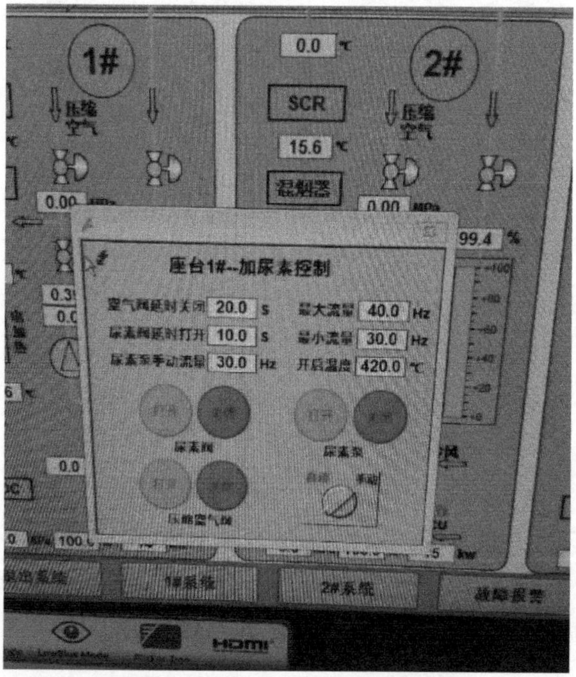

图 5-8　尿素泵开启温度设置对话框

③ 尿素补液

当各台架尿素储罐液位低于 30％时需进行补尿素。

a. 主备切换纸箱 1＃，右击开启 1＃尿素泵，如图 5-9 所示。

b. 各台架尿素补液电磁阀指向手动，手动打开，尿素储罐液位达 80％时，关闭补液电磁阀，如图 5-10 所示，补液完成关闭尿素泵（或点至自动即可）。其余台架操作相同。

④ ECU 开关

点击 ECU 阀门，弹出对话框，如图 5-11 所示，当指向手动时，手动设定为 100％。现阶段各台架设置为 100％。

当指向自动，ECU 信号关闭，阀门自动关闭。

当系统运行结束后依次关闭尿素泵、加热器开关、循环泵，烟气分析仪。待所有台架完全停止工作，关闭 1＃和 2＃台架风机和关闭主风机。待加热器温度降至室温后关闭 PLC 控制柜。

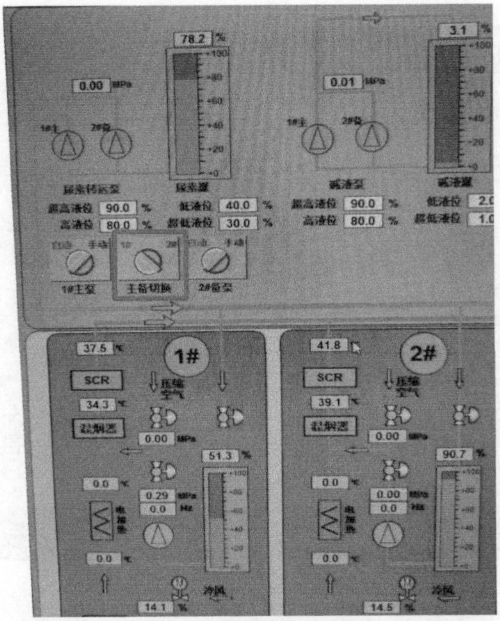

图 5-9 尿素泵点击位点

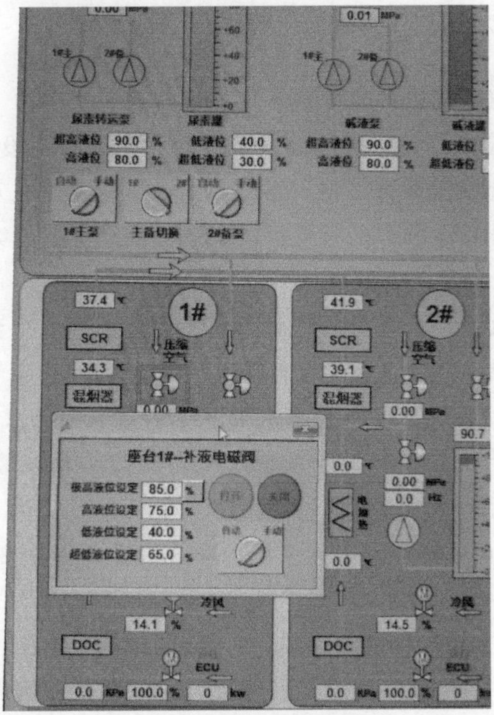

图 5-10 补液电磁阀对话框

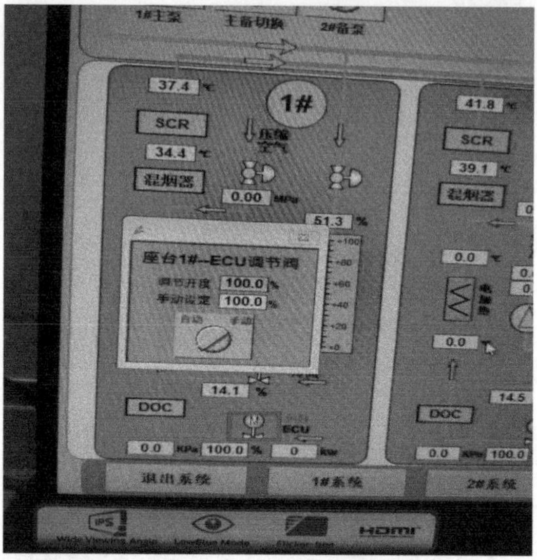

图 5-11 ECU 阀门对话框

5.1.3 系统操作说明及注意事项

博杜安尾气治理项目的技术方案是建立在潍柴动力二号厂试车尾气治理项目的成功经验之上，并通过进一步合理优化升级而设计的。相比较而言，博杜安项目系统操作更为完善。因此，本小节将以博杜安项目为例，对其操作系统说明展开具体讲解，为同行在柴油机试车台架方案实施过程中提供可靠实践性指导。

博杜安尾气治理系统由公共系统、脱硫系统、13 个台架系统组成，公共系统又由尿素储运系统（包含尿素转运泵和尿素罐）、碱液系统（包含碱液泵和碱液罐）和水系统（包含工艺水泵、冷却水泵和储水罐）三大系统组成。脱硫系统由两台引风机和脱硫系统（包含脱硫泵和碱液池）组成。台架系统主要由烟气系统和尿素系统组成。13 个台架，分为 13 个发动机测试系统，其中，1～6 号台架为 1 号系统，7～13 号台架为 2 号系统。其操作界面如图 5-12 所示。

图中画面的顶部为系统的标题栏，标题栏的左侧为报警提示，如果发生异常，此处将一直作报警提示，具体报警可以在故障画面中进行查找，标题栏的右侧为系统时间，如果时间有误，可以通过更改系统时间进行更改；画面中部为公共系统，公共系统的下面，是每个台架系统；最下面是菜单栏，

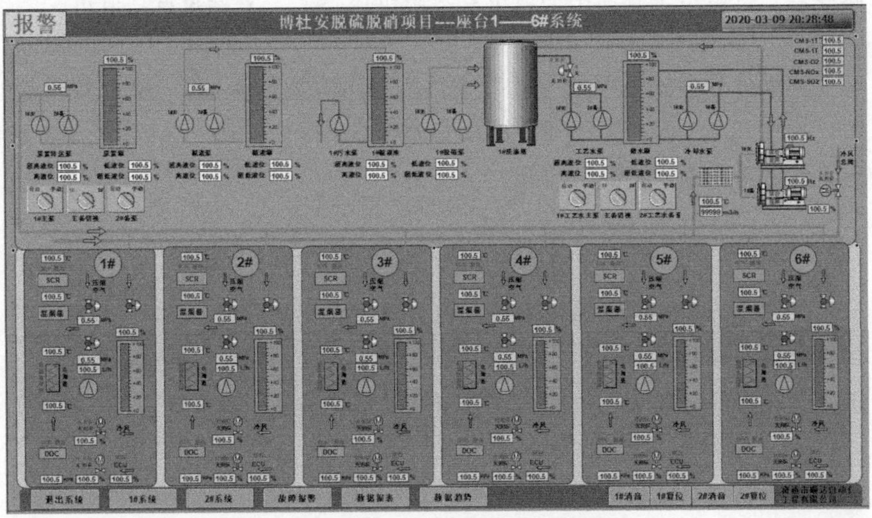

图 5-12 博杜安脱硫脱硝项目操作界面图

可以通过菜单栏，对画面进行切换，菜单栏的右侧为两套系统的消音和复位按钮。

5.1.3.1 系统的基本说明

储罐的液位：绿色表示水位，灰色表示无水。

泵的运行：红色表示运行，灰色表示停止。

数据框：白色数据框可以设定 100.5，黄色数据框仅为显示 100.5。

电加热运行：红色为运行，灰色为停止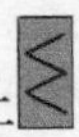。

阀门打开：红色表示打开，不显示或灰色为关闭。

电磁阀与电动阀：电磁阀表示为，电动阀表示为。

电磁阀：通过开关控制，仅有两个状态，打开或关闭。

电动阀：通过模拟控制，可以设定具体的开度，有开度的大小反馈。

5.1.3.2 开关操作说明

双击桌面图标，单击菜单栏运行按钮，系统将自动运行；关闭系

统之后，可以单击画面中的退出系统按钮退出系统。系统将自动退出。

如果打开系统后，没有运行文件，双击桌面图标，单击菜单栏按钮，找到 E：\博杜安工程\博杜安 WICC\博杜安项目. MCP，单击确认即可，然后单击菜单栏运行按钮。

(1) 公共系统操作说明

公共系统包含尿素储运系统（包含尿素转运泵和尿素罐）、碱液系统（包含碱液泵和碱液罐）和水系统（包含工艺水泵、冷却水泵和储水罐）三大系统。下文将围绕各个系统的操作说明展开具体描述。

① 尿素储运系统

尿素储运系统由尿素转运泵和尿素罐组成，操作界面如图 5-13 所示。尿素系统通过两台尿素转运泵，给 13 个台架的分尿素灌进行补液，可以通过手自动按钮自动 手动进行切换运行状态，单击泵的图标将弹出“转运尿素泵”窗口，通过单击启动和停止，对泵进行启动和停止控制。

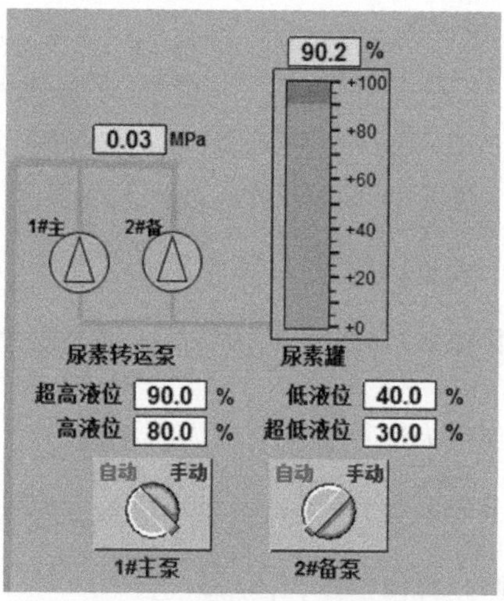

图 5-13 尿素储运系统操作界面图

泵的手动控制时，通过启动和停止按钮进行启动与停止控制。

泵的自动控制时，此时必须满足两个条件：

a. 实际液位必须大于低液位和超低液位。

b. 13 个台架的尿素分罐上的补液电磁阀打开，对其进行补液，否则泵将自动停止，若紧急将泵关闭，直接切换成手动状态即可。

对超高液位、高液位、低液位、超低液位进行设定，数据依次降低，超高液位与超低液位时，将会报警。

转运泵的功能是将尿素罐中的尿素转运到 13 个台架的分尿素罐，每个尿素罐都有一个补液电磁阀。补液电磁阀具备将分尿素罐中的液位进行自动控制的功能，如果液位低于低液位，将打开电磁阀；如果液位高于高液位，电磁阀将自动关闭。通过高停止低启动的方式，控制补液电磁阀对分尿素罐进行补液控制，如果转运泵自动运行的话，则通过检测 13 个台架的补液电磁阀是否有打开的，只要有一个补液电磁阀打开，泵就运行，补液电磁阀如果全部关闭，则转运泵自动停止。

② 碱液系统

碱液系统由碱液泵和碱液罐组成，该系统的手动控制和报警方式与尿素转运泵基本相同，故不再赘述，下文将重点介绍自动功能。

③ 水系统

水系统由工艺水泵、冷却水泵和储水罐组成，控制方式与逻辑与尿素转运泵基本相同，故不再赘述。

（2）脱硫系统操作说明

脱硫系统由两台引风机、脱硫泵和碱液池组成。下文将围绕相关系统的操作说明展开具体描述。

① 引风机

在脱硫系统中，两台引风机互为备用，通过“选择”开关选择使用。在系统启动前，单击启动按钮，手动将风机启动。在启动风机时，必须将冷却水泵启动，否则引风机无法启动。单击画面中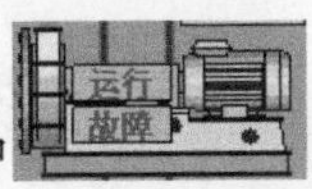

，弹出对话框，在界面进行启停、手自动切换、主备切换等操作。两台风机可以通过主备切换选择开关进行选择，操作界面如图 5-14 所示。

引风机自动之前，预先设定，ECU 运行的数量和对应的频率，当运行时，ECU 运行的数量决定了风机的频率，当 ECU 运行 1 台时，风机运行的频率则为 1 台对相应的设定频率；当 ECU 运行 2 台时，风机运行的频率则为 2 台对相应的设定频率，以此类推；自动时，选择自动 1＃或 2＃——启动风机——自动运行。

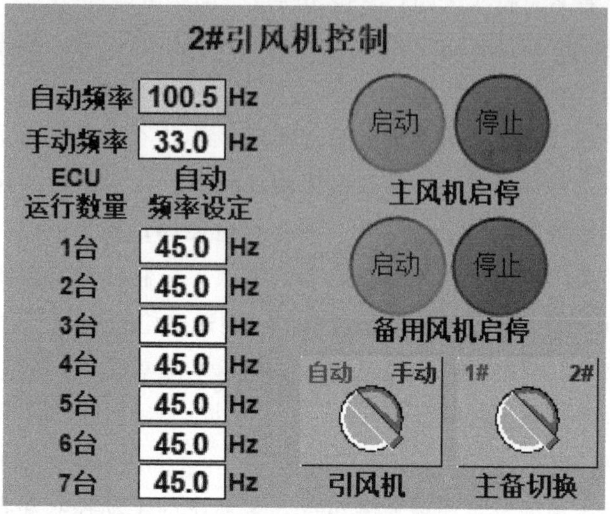

图 5-14 脱硫系统引风机操作界面图

当风机需要维修或有异常情况，可以单击——弹出系统风机挂机的选择框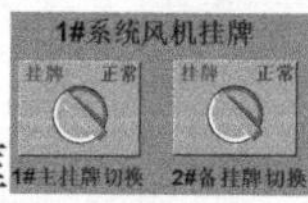——选择需要挂起的风机，在主画面中，将风机挂牌请勿启动的提示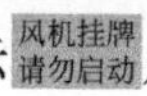启动，防止检修时的误操作。

② 脱硫泵

脱硫泵的启动与停止，与启停泵启停类似，单击图标后，弹出对话框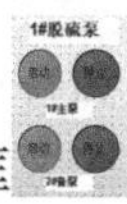，进行启动和停止。

(3) 台架系统操作说明

台架系统主要由烟气系统和尿素系统组成。操作说明如下：

① 烟气系统

烟气系统，主要由 ECU 调节阀、冷风调节阀、加热器等组成。

a. 单击 ECU 调节阀，将弹出对话框，选择手动时，只需输入手动设定的开度，电动调节阀将自动运行到对应的开度，调节开度显示对应的开度；切到自动时，阀门开度如果有 ECU 运行信号，则阀门自动开到最

大，如果没有 ECU 信号，则阀门自动关闭。

b. 单击冷风调节阀，将弹出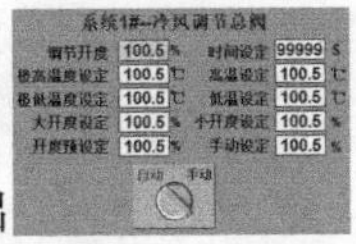，选择手动时，只需输入手动设定的开度，电动调节阀将自动运行到对应的开度，调节开度将显示对应的开度。

通过按钮，切到自动时，当系统没有启动时，阀门开度根据开度预设定的参数进行运行；系统启动后，通过与 SCR 前的烟气温度对比，进行判断阀门的开度，并且超过一定时间，即超过的时间＞设定时间。

如果 SCR 前的烟气温度＞极高温度设定，温度偏差过大，且维持一定时间，阀门运行的开度＝大开度设定＋调节开度；

如果 SCR 前的烟气温度＞高温度设定，温度偏差一般，且维持一定时间，阀门运行的开度＝小开度设定＋调节开度；

如果 SCR 前的烟气温度＜低温度设定，温度偏差一般，且维持一定时间，阀门运行的开度＝调节开度－小开度设定；

如果 SCR 前的烟气温度＜极低温度设定，温度偏差过大，且维持一定时间，阀门运行的开度＝调节开度－大开度设定；

如果高温度设定＞SCR 前的烟气温度＞低温度设定，且温度在正常范围之内，阀门运行的开度＝调节开度，保持不变。

c. 加热器，将根据 SCR 前的烟气温度，进行自动运行，运行时，加热器的颜色将变为红色。

② 尿素系统

尿素系统主要由补液电磁阀、尿素泵、尿素电磁阀与压缩空气电磁阀组成，如图 5-15 所示。

a. 补液电磁阀，根据每个台架的分尿素罐手动或自动补液，单击补液电磁阀，弹出对话框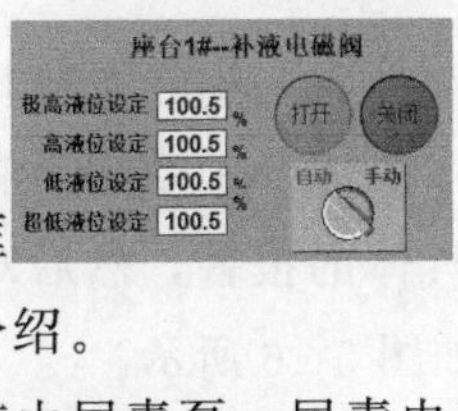

，手动与自动功能与其他液位手自动功能类似，不重复介绍。

b. 加尿素系统由尿素泵、尿素电磁阀与压缩空气电磁阀组成，单击尿素泵，弹出对话框，手动时，单击打开、关闭对阀门或泵进行

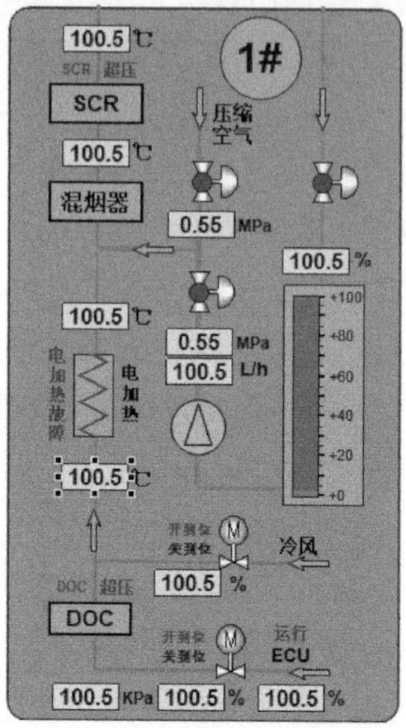

图 5-15 尿素系统操作界面图

操作。

通过手自动切换自动后，当设备运行时，达到开启温度后（开启温度＞SCR 前烟气温度），通过检测 ECU 负荷大小，在最大流量和最小流量之间，进行自动调节。尿素泵自动启动后，压缩空气阀将同步打开，当尿素阀延时打开时间到了后，自动打开尿素阀；当关闭尿素泵后，尿素阀同步关闭，当空气阀延时关闭时间到了后，自动关闭空气阀，可防止尿素结晶，压缩空气阀关闭数秒后，将再次开启数秒，将管道里的尿素清除干净；各个参数需要预先设定好，方可自动运行。

5.1.3.3 报警画面操作说明

报警画面，记录了系统中所有的报警，包含实时报警和历史报警，实时报警记录了当前的报警状态，历史报警记录了系统所有产生的报警；所有的报警，可以根据消息文本进行判断具体的报警，然后对报警进行解决，问题解决后故障自动消除。报警界面图如图 5-16 所示。

5.1.3.4 数据的趋势操作说明

通过数据趋势，可以分析某一个数据的趋势走向，数据趋势界面如图 5-17 所示。

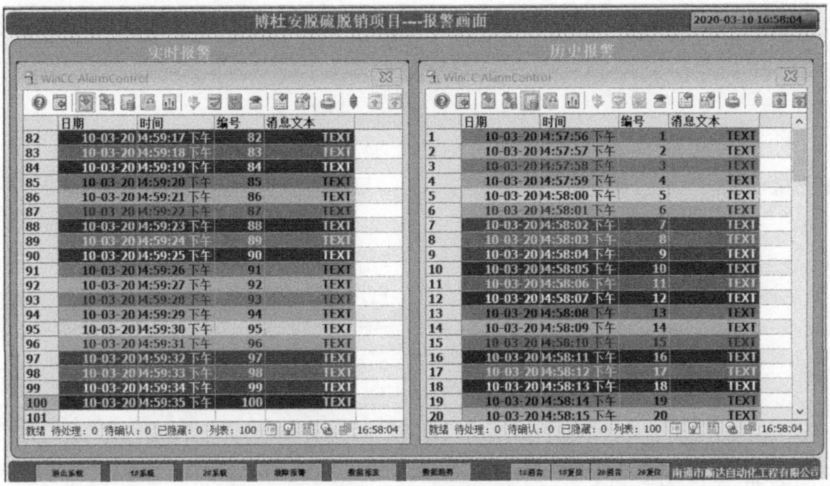

图 5-16　报警界面图

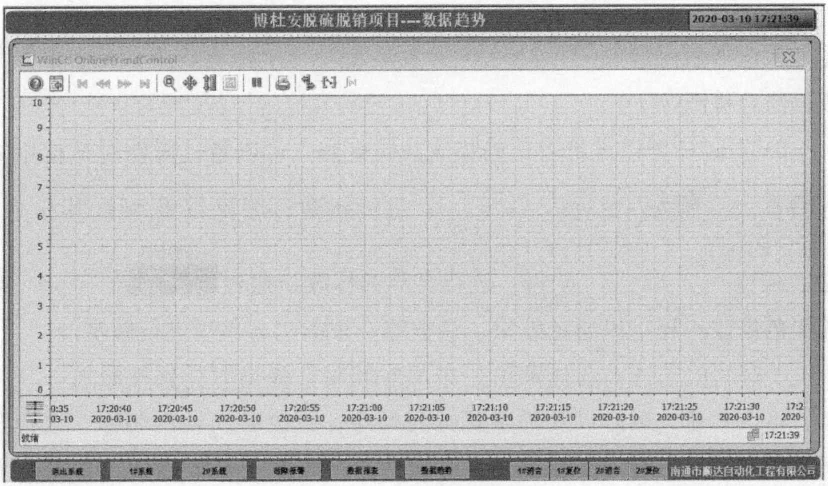

图 5-17　数据趋势界面图

a. 数 据 查 询 的 步 骤：单 击 组 态 对 话 框 ——弹 出 属 性 对 话 框

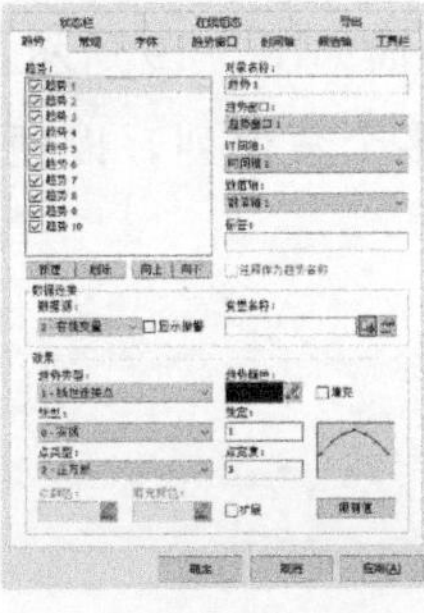——选择趋势 趋势 ——选择趋势 1（后面说明）——选择在

线变量 1 - 归档变量 （在线变量属于实时数据，不能进入历史记录）——在变量名称下方选择——弹出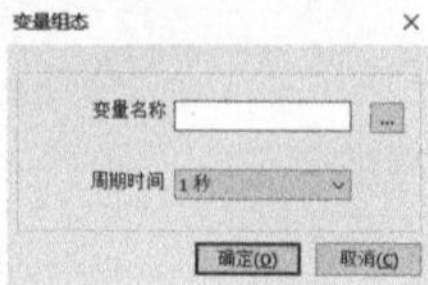

——在画面中选择 ... ——弹出数据变量表——选择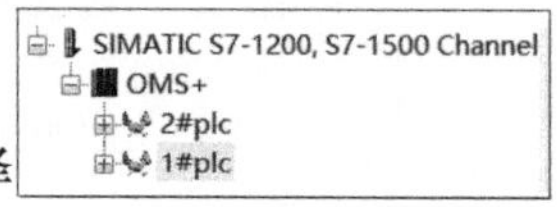

（1＃代表 1＃系统，2＃代表 2＃系统）——选择变量——单击确定变量名称

将显示选择的变量 变量名称：2#工艺水泵电磁手自动 ——单击确认后，画面中将显示该数据的趋势图。

b. WinCC 可以满足多条趋势线共同查询，可以通过属性对话框中的按钮 新建 删除 向上 向下，进行新建、删除以及调整其排列顺序；通过 对象名称：趋势 1 进行名称的修改；通过 趋势颜色： □填充 对曲线的颜色修改；还可以通过效果、线框等，根据实际使用进行修改。

c. 时间的选择：选择菜单栏中的时间轴，弹出时间属性画面，与趋势类似，可以新建、删除以及调整其排列顺序，更改时间轴的名称，选择开始时间和结束时间、时间间隔等，也可以建立多个时间轴，以便于在趋势属性中进行使用，其操作界面如图 5-18 所示。

5.1.3.5 报表查询操作说明

通过报表画面，可以对数据进行保存。报表操作界面如图 5-19 所示。

报表的属性与趋势画面类似，在属性画面中建立多个数值列，以便查询时方便使用。报表属性操作界面如图 5-20 所示。

单击菜单栏中选择数据连接按钮——弹出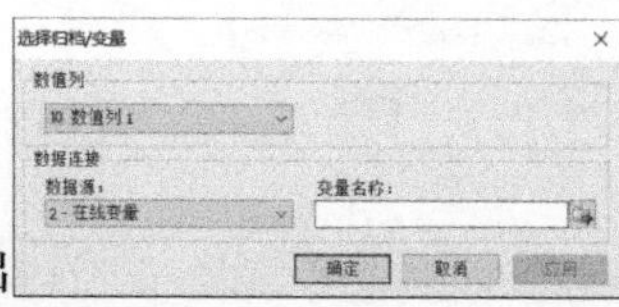——

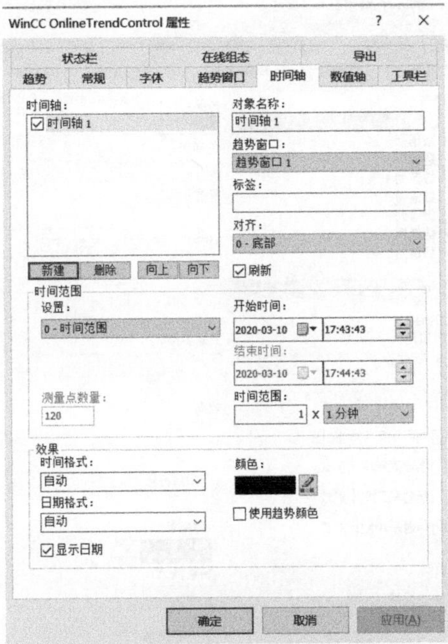

图 5-18 时间的选择操作界面图

图 5-19 报表操作界面图

选择在线变量，在变量名称中选择对应的变量（与趋势查询方法一样）——单击确认按钮，数据将在数据表中显示。

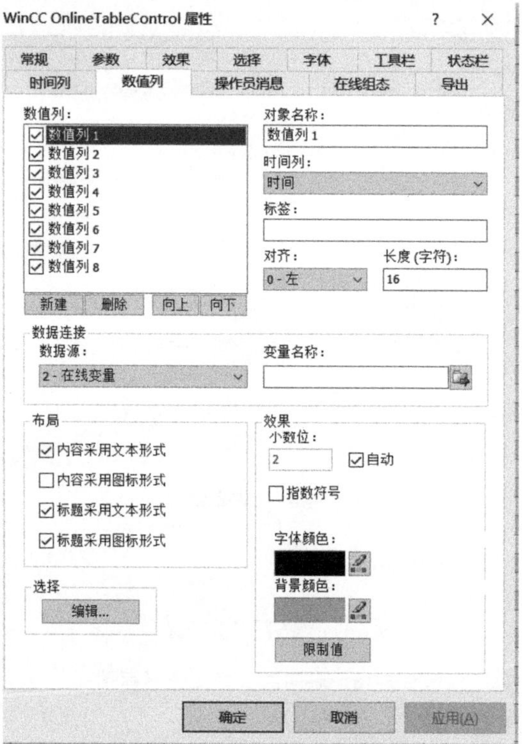

图 5-20　报表属性操作界面图

数据保存：单击菜单栏——弹出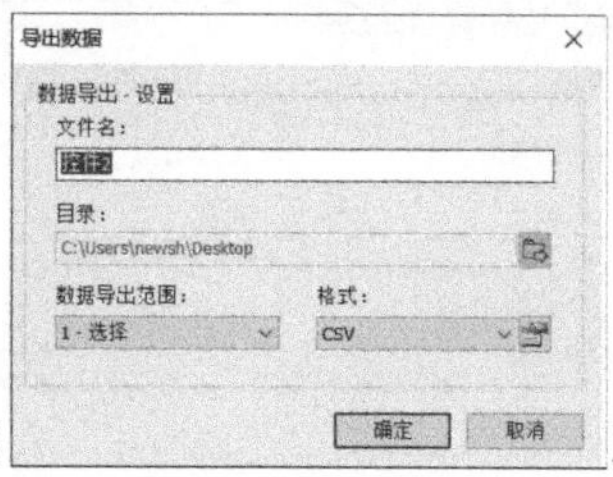

对话框，可以通过修改文件名对保存的文件名进行修改，文件格式按照图片中进行设置，否则将打不开保存的文件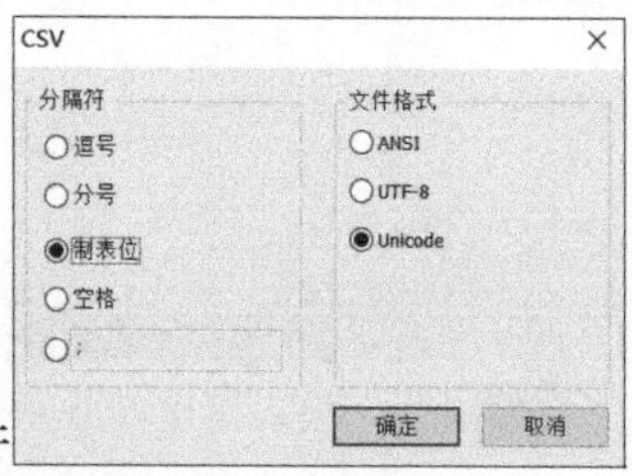

。

通过上述操作说明，可以高效实现博杜安尾气净化系统相关设备的有序启停及文件保存等操作，确保的正常运行以及文件保存。

5.2 ▸▸试车台架尾气治理系统保养和维护

5.2.1 DOC系统保养和维护

5.2.1.1 DOC保养和维护

通常情况下，DOC只要操作得当，基本不需要维护。因此，非特殊情况，一般不允许随便拆卸，如需更换时一定要与柴油发动机匹配。

值得注意的是，DOC催化剂的使用与柴油机排气温度密切相关。当温度高于350℃时，由于硫酸盐大量产生，进而覆盖在催化器表面降低催化剂的活性和转化效率，导致催化剂中毒。因此，为了避免DOC催化剂失效，在使用氧化催化器时应注意如下事项：

a. 提高燃油品质，勿用含硫量较高的柴油。

b. 勿长期急速运转（开环控制状态）。

c. 勿让发动机转速忽快忽慢。

d. 点火时间勿太迟，避免温度过高。

e. 避免长时间启动不着，导致断火现象发生。

f. 不要长时间拔出高压线试火。

g. 发现有气缸工作不良时，应及时停机检查、排除故障。

h. 避免混合气偏浓的诸多因素，如喷油器关闭不严，燃油压力调节器失效（油压过高）、氧传感器失效、空气流量传感器失效等。

5.2.1.2 DOC清洗

DOC清洗主要是用来解决柴油不完全燃烧产生的一氧化碳吸附在催化器表面形成化学配合物而造成催化剂堵塞失效、尾气超标、背压提高、动力下降等一系列问题[7]。进行清洗养护可以清除掉DOC催化器表面的化学配合物，重新激活催化剂净化功能，大幅度降低尾气中CO、C_xH_y、NO的排放。目前，针对DOC清洗主要有以下三种方式：

a. 向燃料箱添加清洗剂。该方法操作简单且价格低廉，因此备受青睐。然而，清洗剂只能清理燃烧室当中的积炭，当其到达DOC时基本已燃烧殆尽，因此，对于催化剂的清洗效果几乎微乎其微，起不到清洗作用。

b. 挂吊瓶清洗法。该方法源于汽车三元催化剂的清洗，是目前市面上最流行的一种方法。其清洗原理如下：通过真空吸力将清洗剂吸入燃烧室后燃烧，并释放大量热量，在DOC内营造一个高温氧化的环境，并通过氧化还原反应，进而实现DOC催化剂的活化。这种方法的优点是无需拆卸DOC，避免烦琐拆装步骤，同时也存在一些局限性，如清洗器材费用昂贵以及清洗效果一般等。

c. 拆解清洗法。该方法通过将DOC拆卸，用清洗剂浸泡，再用清水多次洗涤来达到清洗效果。该方法需要将DOC从试车台架尾气净化系统完全拆除下来，再重新安装，费时费力，但是，却行之有效，是一种非常有效的方法。

值得注意的是，当DOC系统催化剂失活后，可以对催化剂进行涂覆及活性组分负载来达到再生目的。必要时可更换催化剂。

5.2.2 DPF系统保养和维护

通常情况下，DPF除了收集炭烟微粒外，还会收集添加剂以及柴油燃烧产生的灰分，多以硫酸盐的形式出现。因此，DPF系统的保养和维护主要集中在DPF过滤系统中炭烟的清洗和灰分的清理过程。目前，对于不同的组分可以采用相应的方式来进行清理。

(1) 炭烟的清洗

炭烟微粒的大量积累会影响DPF的排气背压，导致废气很难排出，极大地限制了发动机的动力和燃油经济性。发动机控制单元依据废气压力传感器的信号，可以控制发动机自行进行炭烟的清洁还原工作，将聚集在DPF过滤器内部的炭烟微粒通过高温燃烧，进而达到清洗的目的。炭烟可以通过被动再生或主动再生方式消耗掉，从而使得DPF整个生命周期内都能保持较高的捕集效率，但是灰分是无法通过再生方式消除掉的[8]。此外，由于自行还原过程对于炭烟的清洗效果有限，因此可以通过添加柴油微粒过滤器清洁剂和冲洗液来实现深度清洗和清灰过程。清洁剂和冲洗剂的作用原理如下：首先，附着在DPF表面的炭烟和灰分物质快速溶解在清洁剂中；其次，在冲洗液的作用下溶解的微粒被冲洗到DPF内壁周围，最后被燃烧还原。使用清洁剂和冲洗液清洁，可以有效脱除积炭，并实现清灰目的。但是，同时也会增加清洁成本，甚至因使用不达标清洁剂或使用不当造成DPF载体腐蚀现象，进而增加催化剂更换成本。

（2）灰分清灰

清灰过程主要是清除DPF滤芯孔道中的积炭、烟灰、胶质、油泥、金属盐类等堵塞物，恢复DPF系统畅通，减少油耗，恢复发动机功率。清灰不同于再生过程。可以采用对载体高温加热的方式，再使用压缩空气和真空系统进行吹灰，最后通过密封容器进行捕集，进而达到清灰目的。高温清灰时，DPF炉体温度控制在600℃左右，与DPF再生温度一致，确保不会造成内部载体损伤。

此外，通过定期的检查和隐患以及采取相应保护措施也可以在一定程度上实现对DPF的维护，具体事项如下：

a. 选择低灰分的柴油，并定期对DPF内部做清洁还原处理和清灰。

b. 不要通过敲击或拍打清除DPF上的灰分。

c. 确保DPF正确安装，清灰后不要反装DPF。

d. 勿使用劣质柴油或润滑油。

5.2.3 加热系统的保养和维护

在试车台架尾气净化系统中，通常采用电加热器来实现烟气的加热，以确保烟气温度满足SCR脱硝工艺。在该系统中，电加热器作为热风源配置中不可缺少的一个组成部分，具有安全、高效等优点。为了延长电加热器的使用寿命，提高加热过程的效率，在使用过程中需要对加热器进行保养和维护。具体措施如下：

a. 电加热器结构紧凑，积灰不仅影响电加热器的加热与散热性能，也不便于清理。因此，为避免积灰，需要定期使用压缩空气清洁电加热器控制柜，确保电器元件组件之间的连接完整。

b. 运输、安装和维护时，要轻拿轻放，避免剧烈振动和磕碰。室外安装时需增设防雨罩或其他挡雨设备。

c. 在使用前，需要制定一系列详细的操作规程计划和严格的定期保养维修制度，并将具体责任落实到位。同时，对加热器操作人员和维护人员进行专业知识和技能的培训，确保他们熟练掌握操作设备的要领和操作注意事项。

d. 使用前和运行过程中，操作人员需要注意经常检查电加热器的各个连接点、熔断器、仪表、压力表、继电器等辅助设备的好坏，避免这些辅助配件产生故障对整个设备的运行产生不利的影响。

e. 设备运行时，需要定时检查，以防出现加热介质泄露的现象。一旦出现泄漏，要立即关闭加热器。待降温后，应当检查泄漏处和泄漏原因，及时维修，待无误后方可继续使用。如果故障严重，无法修补时，需要更换新的加热器设备。

f. 定期检查电加热器中的导热油存量，避免产生干烧现象；定期检查油品质量，必要时及时更换。

g. 使用过程中需要经常检查电加热器的测温仪表，定期进行温度计量，以防出现测温点的热阻增大、温度不准确，导致进一步操作失误的问题。

5.2.4 SCR系统保养和维护

SCR系统保养和维护主要围绕尿素系统的保养和维护、SCR催化器系统的保养和维护以及传感器系统的保养和维护展开，其中尿素系统又包含尿素储罐、尿素泵以及喷嘴，SCR催化器系统则主要集中在催化剂。

5.2.4.1 尿素系统的保养和维护

(1) 尿素储罐的保养和维护

尿素储罐用来存储尿素溶液的容器，是确保SCR反应正常进行的有力保障。正确使用和维护保养不仅可以提高发动机运行效率和经济效益，同时也是尾气排放达标的保证。尿素储罐保养操作主要有：

a. 运输时，尿素储罐要轻拿轻放，防止碰撞挤压，不能在地面拖拉移动。

b. 安装时，由于尿素溶液加热易分解，受冷易冻结，因此尿素储罐要存放在干燥、透风良好的空间，防止暴晒和湿润。

c. 使用时，保证罐内储存足够的尿素溶液，最高液位应添加至100%（冬天温度低时，可加注到90%），当尿素溶液消耗到20%时，需要及时补充尿素溶液。

d. 定期检查，检查有无尿素溶液的跑冒滴漏现象，并及时维修；每年发动机进行保养时打开尿素罐底放水螺塞进行清洗，同时放出罐内沉淀。

e. 不定期检查，如发现通气阀或加液口处出现白色结晶，可用清水冲洗，也可用湿布擦拭；不定期检查插件及管路接头是否良好。

f. 通气阀如发现堵塞，可旋下用清水清洗或更换。

g. 罐体上所有配件不能随意拆卸，2～3年更换罐内滤网。

柴油发动机试车台架尾气治理通常采用外购的32.5%（质量分数）尿素溶液作为还原剂，由于尿素具有较强的腐蚀性，会对人体皮肤会产生刺激灼伤并腐蚀设备，因此在运输和使用过程中需注意如下几点：

a. 尿素呈碱性，对罐体的腐蚀很大，尿素加注不当时会污染罐体，因此在加注时要使用配装在罐体上的专用加注管。同时，加注尿素溶液时要做好安全防护，未加注使用完的要妥善保管。如果不慎接触到皮肤，应用大量肥皂水或清水进行冲洗。

b. 加注过程需要尽量避免杂质进入溶液和尿素罐中，避免造成尿素溶液管道和尿素泵堵塞。加注完毕后，应当及时密闭尿素加注口，避免空气中的污染物进入，导致尿素变质或结晶。

c. 为了防止杂质混入，清洗罐体时最好采用纯净水来替代自来水。

d. 劣质的尿素溶液会影响到SCR系统正常工作，造成发动机排放严重超标，因此尽可能选用同一品牌、质量达标的尿素溶液。

(2) 尿素泵的保养和维护

尿素泵可细分为尿素输送泵和尿素计量泵，其中输送泵的保养和维护较为简单，做到以下两点即可：

a. 尿素输送泵一用一备，当长时间不使用时，要注意下次开启运行前打开放气阀，让尿素溶液均匀地柱状流出，避免窝气现象烧坏水泵的轴封。

b. 当发动机停止运行时，要及时清理尿素泵和管路中的残留液体。

相比尿素输送泵，计量泵属于高精度设备，因此在运输、安装和使用过程中要格外小心，其保养和维护主要集中在以下几点：

a. 运输和安装时应轻拿轻放，避免跌落或磕碰而损坏内部的精密控制部件，导致计量泵损坏。

b. 计量泵的工作环境温度为－40～80℃（最佳温度50℃以下），需要选择适宜的安装位置。通常可将其安装在雨水飞溅和泥污较少的位置，避免过多的暴露或对电器接头和液体接头造成潜在的损坏，特殊情况下可设置防护罩。同时要避免安装位置的振动过大，必要时可安装减振垫。

c. 计量泵工作时需要散热，除了注意通风外，不能靠近排气管、催化消声器、增压器等热源太近。

d. 计量泵与喷嘴之间的接管使用软管，以允许其和排气管之间的相对振动。

e. 通常，为保护计量泵使压缩空气系统中污染物不能进入，计量泵会安装滤清器，因此，需要定期清理或更换滤芯，防止堵塞或破损以致失去过滤作用，引起系统工作失调。

f. 计量泵与尿素管的接口设置保护装置，防止灰尘杂质从接口进入计量泵。

g. 使用过程中，压缩空气需经过过滤处理，去除油质、水气以及颗粒物等杂质，避免对计量泵产生影响，同时压缩空气压力、流量严格控制在适宜的范围。

h. 经过计量泵的尿素溶液应符合标准，并经过过滤处理去除杂质，尿素溶液温度控制在 5～50℃（最高 85℃）。

(3) 喷嘴的保养和维护

在使用过程中，喷嘴异常不能正常工作主要可归因为两点：因焊接开裂、漏气等原因导致不能正常工作；因外界多种因素，如尿素纯度不达标、尾气处理系统其他部件质量问题导致喷嘴堵塞。喷嘴工作异常将会直接影响 SCR 脱硝效果，导致尾气 NO_x 排放超标。因此，需要对喷嘴进行定期保养和维护。目前，对于喷嘴的保养和维护措施主要有以下几点：

a. 安装时要避免磕碰造成喷嘴损坏，同时每次拆卸时要及时更换垫片，避免密封不良造成漏气。

b. 为避免堵塞，要严格把关尿素溶液质量，勿使用劣质尿素。定期用压缩空气对喷嘴吹扫。

c. 经常检查喷嘴口，看是否有尿素结晶，并经常清洗喷嘴，可采用热水浸泡的方法，堵塞严重时可采用开水煮沸的方式。

另外导致尿素喷嘴堵塞的原因也可能是车用尿素反应残留一些沉积物，所以我们平时需要保养好尿素喷嘴，经常清洗尿素，可采用热水浸泡等办法。

5.2.4.2 SCR 催化剂的保养和维护

在柴油机试车尾气净化系统中，SCR 催化剂一般采用蜂窝状脱硝催化剂，并以碳钢模块或催化剂单体的形式放置在 SCR 催化器中。在其运输、安装以及运行过程中通常会因磨损、孔道堵塞以及催化剂失活而影响催化剂的活性，进而导致尾气超标[9]。加强对 SCR 催化剂的保养和维护，不仅可以延长催化剂的使用寿命，同时对减少后期的运行维护成本具有重要意义。

下文将围绕催化剂的运输、安装和使用过程的保养和维护措施展开具体描述。

a. 运输时，由于催化剂模块有外层碳钢保护，因此磨损概率较小。而对于催化剂单元体，必须得放在具备相应保护措施的容器中运输时。

b. 安装时，催化剂必须在包装完好的状态下进行保管和搬运，可用硅酸铝纤维纸对催化剂单元体进行包裹，避免任何形式冲击和振动以及机械碰撞；由于催化剂含有矾或其他重金属元素，同时也会伴随飞灰产生，因此搬运及处置催化剂时应佩戴防尘口罩、手套等防护用具。搬运结束后要用清水漱口、冲洗脸部和双手以避免吸入催化剂粉尘。

c. 保存时，由于水（水汽）会导致催化剂活性组分析出而导致活性损失，暴晒易使催化剂干燥时发生破裂，因此，催化剂应储存在通风干燥处，避免接触到雨水、重湿气或其他潮气、油和溶剂。此外，还要避免接触还原性气体、硫、碱金属、卤素、硒、铅、汞等易导致催化剂中毒的物质[10]。

d. 运行时，催化剂主要遇到的问题是堵塞积灰。为避免催化剂严重堵塞，日常运行中要加强吹灰。可采用吹灰器定期吹扫。其中，蒸汽吹灰器可根据催化剂进出口两侧反馈的压差情况及时吹扫，一般每天运行一次。声波吹灰器则 24h 连续吹扫。定期检查声波吹灰器，看膜片是否有损坏现象，是否有漏油痕迹，并定期检查压缩空气质量及管道过滤器，确保吹灰器正常运行。

e. 停机时，可以打开催化器全面检查催化剂积灰情况，大面积堵塞或损坏时需要进行催化剂再生或更换催化剂。

f. SCR 催化剂使用寿命通常为 3 年，因此，当催化剂达到使用年限后需要及时再生或更换。

5.2.5 风机保养和维护

正确的保养和维护，是风机安全可靠运行并提高风机使用寿命的重要保证。因此，在使用风机时，必须引起充分的重视。风机的使用保养和维护涉及风机主体、叶轮、进气室以及轴承的保养与维护。下文将围绕各部分的保养和维护展开具体描述和讨论。

5.2.5.1 风机主体的保养和维护

风机主体的保养和维护主要包括以下几点：

a. 风机启停阶段或运转过程中，需要不定时检查风机运行情况，确保不会发生风机剧烈振动、撞击、轴承温度剧烈上升等情况，一旦出现，需要立即停车进行检查。

b. 风机运行时，但是随着时间的积累，风机内粉尘会附着在叶轮上，进而破坏风机的动平衡，导致轴承振动剧烈，甚至突破风机允许的最大运行限值，影响风机的正常使用。因此，必须定期检查叶轮上的积灰，并及时清除粉尘堆积。

c. 风机首次运行一段时间后（通常是 30 天），应重新更换润滑油（或脂），正常情况下定期（30～50 天，视现场具体情况而定）更换一次润滑油（或脂）。

d. 风机停用时，应及时排放设备及管路的水，避免低温情况下水冻结造成设备及管路冻坏。

e. 长时间放置时，定期在风机表面及核心部件涂上防锈油以免锈蚀。

5.2.5.2 叶轮的保养和维护

叶轮的保养和维护主要包括以下几点：

a. 运行前，严格检查叶轮是否出现裂纹、磨损、积尘等故障，并及时维修。

b. 定期清扫叶轮，可用钢丝刷或钢丝球去除上面的积尘和锈皮等，使叶轮保持清洁状态，避免造成叶轮平衡破坏，以至引起转子振动。

c. 叶轮修理时，需要重新做动平衡，可采用便携式动平衡仪现场恢复。

5.2.5.3 进气室的保养和维护

进气室的保养和维护主要包括以下几点：

a. 使用前检查进气室气密性，防止泄漏，并定期检查其内部结构是否存在磨损情况。

b. 定期清理进气室内部积灰，防止积灰造成背压过大，进而影响风机的正常使用。

c. 定期检查进气室配套设备所有的紧固螺栓是否紧固，对有压紧螺栓的风机，将底脚上的蝶形弹簧压紧到图纸所规定的安装高度。

5.2.5.4 轴承的维修保养与维护

轴承是风机的核心组成部分，定期对其进行保养和维护是风机高效稳定运行的有力保障。通常情况下，轴承的保养和维护主要包括以下几点：

a. 定期检查轴承润滑油供油情况，并确保端盖密封良好，防止出现漏油现象。

b. 对轴承润滑油（或脂）质严格把关，避免劣质油品和灰尘、沙粒、污垢等杂质混入，造成轴承温升过高。

c. 定期更换润滑油，半年内至少应更换一次。定期（7～10 天）检查润滑油是否存在变质，一经发现，立即处理。可将油箱内的旧油彻底放干净且清洗干净后才能灌入新油。

d. 不定时检查冷却水，防止冷却水过少或中断现象发生，避免超温。

e. 轴承损坏严重，及时更换。更换时应确保在新轴承装入前轴承与轴承箱保持清洁状态。同时，可将轴承置于温度约为 70～80℃的油中加热后再装入轴上，不得强行装配，以避免伤轴。

5.2.6 自动化系统保养与维护

在柴油机试车尾气净化系统中，通常采用 PLC 控制系统来实现整个脱硫脱硝和脱除颗粒物的自动化控制。自动化系统是整个系统的灵魂，一旦出现故障，将直接导致整个系统的崩溃，因此，对自动化系统进行定期保养和维护具有重大意义。为了使自动化系统正常稳定运行，通常需要做到以下几点：

a. 定期检查控制柜中各接线端的连接情况，确保无松动或断开现象。

b. 定期测量主机电源的工作电压。

c. 定期检查保险丝和电池损耗情况，一旦发现问题及时更换。其中，保险丝更换时最好采用同一型号的产品，更换电池时间要尽量短，确保程序正常运行。

d. 定期对控制柜进行清灰和除尘，包括工控机内部、CPU 风扇和主机电源，防止积灰导致散热不畅，造成死机现象发生。

e. 保持控制柜机房内通风，保证恒定的温度和湿度及工作环境稳定，同时防止静电和电磁波干扰。

参考文献

[1] 吴超. 净化柴油机尾气 NO_x 集成式 SCR 供给系统开发 [J]. 内燃机，2014（4）：16-19.

[2] 唐韬，赵彦光，华伦，等. 柴油机 SCR 系统尿素水溶液喷雾分解的试验研究 [J]. 内燃机工程，2015，36（1）：1-5.

[3] 石代龙，傅松，白书战，等. 重型柴油机 SCR 催化器优化设计和试验研究 [J]. 车

用发动机，2018，0（5）：65-70.

[4] 楼狄明，谭畅，谭丕强，等. DOC + CDPF + SCR 对轻型柴油机排放特性的影响［J］. 车用发动机，2019，0（2）：16-21.

[5] 冯刚，王奉双，毛伟. 国Ⅴ柴油机 SCR 系统结构对尿素结晶影响研究［J］. 车用发动机，2017（6）：65-70.

[6] 张凡，李昂，于津涛，等. 重型发动机氨排放特性的台架试验研究［J］. 车用发动机，2019（1）：47-52.

[7] 张轲. 柴油机颗粒物捕集器及其再生系统研究［D］. 成都：西南交通大学，2017.

[8] 张大成. 柴油颗粒过滤器（DPF）尾气处理及再生原理［J］. 汽车维护与修理，2015（10）：38-40.

[9] 于晓海，刘波. SCR 脱硝催化剂的设计与维护［J］. 中国氯碱，2012（5）：44-46.

[10] 李录新. 脱硝催化剂维护和保养［J］. 中国纵横科技，2015（6）：155-156.